Pandora's
Magic
Perfume

Pandora's
Magic
Perfume

Pandora's
Magic
Perfume

Pandora's
Magic
Perfume

潘朵拉的魔幻香水

Pandora's Magic Perfume

香娜 Shenna

潘朵拉的魔幻香水

編著：香娜 Shenna

總編輯：許麗雯

主編：胡元媛

特編：張慧慈

美編：yuying

行銷總監：黃莉貞

發行：楊伯江、許麗雪

出版：信實文化行銷有限公司

地址：台北市大安區忠孝東路四段341號11樓之三

電話：（02）2740-3939　傳　真：（02）2777-1413

網站：http://www.cultuspeak.com.tw

電子郵件：E-Mail：cultuspeak@cultuspeak.com.tw

劃撥帳號：50040687信實文化行銷有限公司

印刷：乘隆彩色印刷有限公司

地址：台北縣中和市中山路二段530號7樓之一

電話：（02）8228-6369

總經銷：時報出版企業股份有限公司

　　　　台北縣中和市連城路134巷16號

　　　　電話：（02）2306-6842

獨家版權 © 2008信實文化行銷有限公司

2008年5月初版一刷

定　價：新台幣450元整

國家圖書館出版品預行編目資料

潘朵拉的魔幻香水 / 香娜 Shenna 編著—
初版—台北市：信實文化，2008〔民97〕
面：16.5 x 21.5公分
ISBN: 978-986-83917-3-4（平裝）
1.香水　2.時尚
424.4　　　　　　　　　　96023467

特別感謝：

台灣蜜納股份有限公司 / 煒捷國際企業有限公司 / 千秋國際有限公司 / 美商怡加 / 法
華香水 / 盧亞香水 / 法意香水 / 鋒恩香水 / 法星香水 / 法倈麗國際股份有限公司 / 香
奈兒精品股份有限公司 / THE BODY SHOP / 肯夢AVEDA / 宏亞香水 / 先亞香水 / 伊
莉莎白雅頓有限公司 / 資生堂盧丹詩香水 / 瑞普國際有限公司 / 香港商俊思海外有限
公司台灣分公司 / 台灣萊雅股份有限公司 / 香港商瑞士海外有限公司台灣分公司

Contents

Contents

Contents

作者
序

　　第一瓶讓我想非得擁有不可的香水，或許現在許多人都沒有印象了，那就是法國The Perfumer's Workshop的Samba森巴香水。很難形容那種感覺，她很甜，但甜得不會太可愛；她很濃，但不會給人黏膩的感覺。那時我在美國就讀高中，三不五時就跑去把玩那只紫色的可愛螺旋瓶身，再將Samba香水噴在手腕上，那可口又嫵媚的味道伴著我開心個半天。那時候一瓶香水的價格大約35塊美金，對一個16歲的女生來說，是一個稍高的門檻。我從沒有買下她，但是我把她的一切，都映在心上，存在記憶裡，她的魅力啟發了我日後對香水的喜愛和著迷。我以一種更深刻美好的方式擁有了Samba，她是我香水世界的繆思女神，有著神祕又無可取代的地位。

　　進入加州大學就讀，新鮮人約會交友似乎也是必修學分之一，有時看見宿舍

的女同學在赴約會前打扮得花枝招展，再灑上自己喜愛的香水，彷彿沒有了香水，就好比是朵沒被祝福的花兒，就是少了那幾分魅力。而平時一群女生嘰嘰喳喳聚在一起，互相交換試用彼此的香水，也是另一項樂趣。當時我也多少感受到，其實每個人的特質和自己喜愛的香水，似乎還真有幾分關聯呢！

由於主修的是大眾心理學，記得在大四時選修一堂「生理心理學」（Biological Psychology）。巧合的是，我所選擇的論文題目，便是嗅覺在人類五感中所佔的地位，其實那時候我也不知道為什麼會選擇這個題目，只是覺得嗅覺和大腦之間的互動似乎挺有趣的。整理了許多的研究報告，才真正明瞭到嗅覺其實是人類感官中最快速、最敏銳、也是最直接的訊息傳導。這份作業彷彿也是冥冥中的一種提示：自己其實就是一個嗅覺敏銳的人，只是這項特質，直到畢業後回到台灣才意識到。

台灣有許多不同於美國的「氣味」，對我而言又是一番新鮮的體會。當時初踏進娛樂圈，聲色玩樂免不了，不過有一種味道令我印象深刻，有別於我在美國曾聞到的任何氣味，那就是Piano Bar的地毯味。那股融合著粉味的清潔劑、缺乏層次變化的芳香劑、外加一些煙和酒的沈澱，還有一絲絲女人的脂粉香水味，正融合出一股極曖昧又隱晦的沈淪和挑逗；若說性、金權、享樂是永不分家的綜合體，那股地毯味即是當下境界的無言詮釋。這般體驗是我嗅覺里程上另一個開端，像是內心中的另一瓶Samba香水，也讓我領悟到，氣味的妙處不只在於美醜好壞，它是當下身心與環境相互呼應的奇妙效應。而所有的香水，包括那地毯的芳香劑，都在努力的將我們從當下的氛圍提升到另一個期待的層次，它們彷彿是你我破除當下屏障的美麗工具，更甚，是一款滿足自我期許的時尚武器吧！

沒有人能忽視香水的力量，除非從未正視到自我的覺知和感官。現今的香水，綜合了時尚、生活、感性和慾望，再加上一些善意矯情的夢幻美學，成就了既熱門又經典的話題，在我們四周蔓延開來；而唯有身心靈的真實開啟，香水世界的繽紛和美麗，方能點綴生活中的一切。20年前我曾有幸和那一瓶Samba香水相遇，領略到世間更多的美麗事物，相信你也有相同的幸運，讓生命因香水而變的更豐富、更有趣。

香娜 Shenna
2007年10月於台灣台北

前言
關於一瓶
　　香水

每一瓶香水，好比一段故事，每天穿上一則小故事，生活多了誘人的色彩，人生因而美麗。

香水是流動的鑽石，鑽石的珍貴在於她長久的醞釀淬煉。同樣的，香水原本即是天地自然的精華，花草樹木的生命精靈，一切的一切，皆藏在這個瓶子裡，等待被開啟、被了解、被珍愛。

但是和鑽石有所不同的是，香水源起於創作的巧思，添加了人文的靈感，她可以遠在成果展現之前，便已擁有靈魂的基石，因為香味內涵的轉折律動，都得用心靈的感動來塑造。香氣繁複且趣緻的多重巧合，不只是一種偶然，若說她是藝術品，真一點也不為過，且先不論那些瓶身的時尚設計和高額的廣告預算了。

美就是美，不在視覺的接收，不用耳朵的聆聽，嗅覺的美感與藝術，本在於那飄渺無形的穿透力。香水挑逗著人類最原始細密的感官，正是無比的威力。這股力與美，亦可化身為記憶的符號，長存於心，唯有身歷其境的體驗，方才是身與心美麗的開始⋯⋯

沒有人敢說所有的香水皆好聞，甚至自己喜愛的香水也絕非永遠受寵，為什麼呢？因為季節、飲食、心情、周圍的人事物，都會微妙的影響身體的反應和變化，而這樣的作用力也同樣會影響到香水的表現。這也就是為什麼覺得自己一向喜愛的香水，會忽然變得乏味難聞？平時不太愛的香水反而好聞了些，也許不是香水變味了，而是主人的生理和心理有了轉變，才會影響到香水的魅力吧。

天氣影響心情，也會影響香水，空氣越冷氣溫越低時，香水的散發就越快。而香水抹在乾燥或白皙的皮膚上，比油性和深色皮膚更容易揮發，這就是為什麼在寒冷的氣候和地區，濃郁的木質調或琥珀調比較受歡迎，那是因為氣體分子較重，香味也會比較持久耐聞；而越溼熱的地帶，分子較輕的清新柑橘調方能維持的比較久，清爽的味道也更為討喜。

體重也和香水有關，如果身體的脂肪含量比較高，香水也會在身上維持長一點的時間喲！甚至有學者認為有些香水可以幫助減肥，的確，香水已經被證實可以提神醒腦、舒緩心情、振奮精神、增加自信，有了這些條件，相信靠香水減重也不會是什麼難事。

香水的確是魔法，因為她比自己的直覺還要敏銳，能夠率先反映出主人細微的身心變化呢！

魔法有輕重強弱，香水也有濃度的區分，當然多少也決定了每一支香水的等級和價格。像香精（Perfume）的濃度最高，含量在18~25%左右。香味濃郁、持久，擴散性強。由於大部分的香精使用數十種，甚至數百種香料配製而成，因此價格頗為昂貴。建議宜點狀用於脈搏活躍的部位，威力就不容小覷了。

Eau de Parfume（EPD）就是一般比較常見的噴灑式淡香精，香精濃度約在12~18%間。香氣比香精Perfume清淡，但較淡香水Eau de Toilette濃郁一些。

淡香水（Eau de Toilette）的香精含量在5~12%之間，比Eau de Parfum清淡，給人更清爽的印象，是適用於大範圍的理想香水，價格也稍便宜。

科隆香水（Eau de Cologne）即古龍水。香精含量在3~5%之間，多見於男香或中性香水。

目前並非每款香氛皆有不同濃渡的包裝，個人的預算也非常重要，即使香水是浪漫的魔法，價格的考量才真是人間最實際之事呢！

香水在每一個人的心中，都有著獨一無二的感動。或許，在一次又一次尋覓和享用的過程中，香水正是引導自己的優雅路徑，幫助我們成就那份美麗和芬芳的驚喜試探。

香水的
歷史與故事

香水的
演進史

香水的最早起源先前被推斷，可能是在尼羅河畔的底比斯，因為發現到一項可靠的依據。在女王哈茲赫普撒特的神廟裡面，有一系列的壁畫，顯示西元前3500年，有一個埃及船隊到「彭特之地」去尋找奇特的香料植物。古代香料的主要原料是香藥和乳香，而且只生長於阿拉伯之南和索馬里，所以彭特之地應是位於那一帶，在航行越過紅海之後就可到達。而現在卻有更加令人信服的證據顯示，埃及船隊沿尼羅河向前推進，所到之地比以前人們認定的地點更加遙遠，船隊在烏干達的阿而伯特湖岸找到彭特之地，但是那個區域並不生長乳香和香藥，所以對香水最初歷史的研究又回到不確定的境地。

到目前為止，香水、香精的最早起源處，仍像香味般的飄渺而不確定。目前較肯定的是，埃及香料的應用可上溯至公元前3000年左右，人類最早的香水之一，應是埃及人發明的可菲神香。但因那時還未發明酒精的萃取方法，所以那時的香水應稱之為香油，是由權力當道的祭司和法老王製造使用的。

但是近來有一隊義大利考古學家在塞普路斯一座山坡上，發現一間香料生產工作坊的遺址。而巧的是，位於地中海東部的塞普路斯正也是希臘神話中愛神阿芙羅狄蒂的出生地，香水的發現恰好也與塞普路斯的文化淵源相吻合，似乎也巧妙呼應有關愛神的許多神話，都與香水有浪漫的關係呢！

在這座古坊還發現距今4000餘年，堪稱目前歷史上所知最古老的香水，同時這座面積達4000平方呎的古代工坊，本身也引起考古學家的注意。據報導現場至少發現了60個保存完好的蒸餾器具、香料攪拌碗、漏斗和香水瓶，想必當時的香水生產一定達到了工業生產的規模。這些器具在西元前約1850年的火山噴發後被掩沒，直至最近才重見天日。

據報導，這座古作坊散發著數種植物的混合香味，萃取

數種天然植物混合而成，並以希臘神話的女神名字來命名香水。考古學家更在一些石膏小瓶中，發現用以萃取香料的植物，包括薰衣草、迷迭香、松木、芫荽、歐芹、香檸檬、苦杏仁、月桂以及橄欖油等。

此次發現的香水，現在陳列於羅馬卡比托奈山丘博物館內，其中的4種香水也已被科學家成功複製。根據文獻資料，那時是將碾碎的香草加進油和水，再把混合物裝進長頸小瓶中，最後將瓶子放在灰燼上烤12小時完成。

據推斷，塞普路斯人應該是從當時關係密切的埃及人學到製作香水的方法，因為考古學家也曾在一個西元前3000的古埃及皇族墓穴中發現香水，其中也混有著植物油和動物油。香水對於古人而言，不僅可發揮吸引嗅覺的作用，還因為其中的芳香樹脂具有醫藥效用，也在宗教祭典和葬禮儀式中使用。

香水的英文「Perfume」源自拉丁文中的「Parfumare」，在拉丁語中的含義是「透過煙霧」的意思。人們藉著渺渺薰香向天上的神祇禱告，同時令嗅覺神經得到振奮或舒緩，並掩蓋不好的氣味，也有驅邪的含意。

大部份的歷史都記載著香水和香精是用於神佛祭壇的物品，最初是淨化身心的醫藥品。

在古埃及時代，明文記載香料用於古埃及人的生活中，當時的用途最主要有3種：

1. 宗教的儀式：香料焚燒出的香味可消除貢品本身的味道；同時產生的紫色透明煙霧，可將人們的願望和祈求傳送給神明。

2. 對木乃伊的作用：對死者的防腐處理上有恭敬與殺菌的雙重作用。

3. 在日常生活中的運用：沐浴之後將具有香味的油膏塗抹全身，可使身體芳香，也俱備淨化心靈的作用。在古埃及時期，人們在公共場所中不塗香氛品可能是觸法的。

在聖經中記載中，香料或香精是用來製作聖油膏，只有神明及祭司才可使用，是珍貴而神聖的。在佛經的記載中，香精和香料是用來祭祀及藥用的香水浴。縱觀歷史，首度將香水和香精用在日常生活中的是東方人。但是在日本，則因為限於貴族使用，並沒有在這島國盛行開來。反觀阿拉伯人，發明植物蒸餾法來提煉香味，像波斯境內的大片土地，就用來種植玫瑰，好用於提煉玫瑰油，例如「天方夜譚」裡的巴格達，就是重要的香料之城。一些更新、更具魅力的香料也陸續被發掘出來，比如像麝香，人們甚至把它混合在建築清真寺和宮殿的灰泥中，使建築物散發出香味。

在古希臘時期，製作香水的人員都是婦女，她們繼承埃及的方法，並且加以改進。用香花植物萃取、調合，是製造技術極為發達的國家，且在宗教儀式上也要撒潑香水。

到了羅馬時代，除了大量從阿拉伯進口藥香和乳香外，更經海路從印度運來充滿魔力的新香料，技術上更是接受希臘及埃及的傳承，液狀香水便產生了。當時較富裕的羅馬人生活頗為奢華，屋內都撒上香水，甚至在造牆的砂漿中也用到香水，連寵物馬和狗也搽上香水，甚至凱旋軍隊的旗幟也噴上香水，到處都撒滿玫瑰花瓣，堪稱古代的香水王國。

而後隨著羅馬帝國沒落，香水的發展也分成兩個不同的領域。一方面，德國教士研發更優良的蒸餾技術；另一方面，香水王國法國從東方進口的獨特香料中，發掘其中更豐富的芳香特質。於是，歐洲香水工藝開始進入繁盛時期。

在中古黑暗時期，是香水提煉技術的正式起源。當時的科學家由於醉心鍊金術而發明更成熟的蒸餾法。蒸餾法的發明使人們對香味的保存方式，從最簡單的植物乾燥法，進步到可以提煉出一瓶濃縮精油，也成就日後的香水和香精製造原理。

到了12世紀，威尼斯征服君士坦丁堡而擁有前往東方的航海主權，從此威尼斯的地位與財富暴漲，也因此提升了歐洲在香水工業的地位。在此世紀中，酒精的加入更豐富了香水的歷史。阿拉伯人發現將香精、香料以酒精溶解，可以緩緩釋放出迷人的味道，而部分的草藥及濃縮精華也因酒精的存在，而得到更長期的保存。

約到了15世紀，人們懂得利用成分與酒精濃度的不同，調製用途各異的產品，其中之一的轉變就是將迷迭香的濃縮香精用酒精稀釋。這項成功的轉變造就出當時非常受歡迎的匈牙利水—Hungarian Water，這也正是日後古龍水的起源。

16世紀是歐洲使用香水最盛行的時期，香味上首先出現了濃烈動物香味，接著很快流行到法國、英國和其它歐洲國家。而當時的香水以植物提煉的變性酒精為揮發媒介，這種變性酒精本來就存在於植物之中，因此既穩定也安全。此外相對於現今香水有保存年限，中古世紀的香水是不需要有保存年限的，因為香水不會變質，唯一會變化的就是顏色深淺差別，道理類似久放的酒，顏色會變深是一樣的！

西元1533年，凱薩琳夫人從義大利帶著她的專屬香水調配師來到法國。原來早在12世紀時，玫瑰水就被意大利教堂廣泛的使用於消毒、殺菌等用途，凱薩琳生於16世紀佛羅倫斯最富權勢的美蒂奇家族，從小就被查理曼大帝與尼古拉主教安排，長大後要下嫁法國亨利二世。凱薩琳自幼就喜歡遊歷各地，最喜歡的味道就是佛手柑，所以當她嫁到法國，教堂準備一款以佛手柑為基調的「聖塔瑪莉亞皇后香水」做為禮物陪嫁。凱薩琳不只帶了香水，還帶了一組調香師進駐法國香水重鎮格拉斯城（Grasse），並成立了第一個香水研究室，開啟法國貴族們的調香活動。

在此也要提及另一位Nerola公主，她是16世紀歐洲宮廷的時尚教主。在當時戴手套幾乎是皇室成員的必備配

件，不過以動物皮革做成的手套，用久容易散發臭味。流行至上的Nerola公主因而想到義大利家鄉滿山遍野的橙花香，便利用橙花水灑在皮手套，讓臭味不那麼明顯，有趣的是，此舉讓皇室女孩們紛紛仿效。影響所及，令皮手套工匠們絞盡腦汁，試圖尋找蓋掉臭味的香味。連帶使得格拉斯城開始流行起薰香行業，很多工廠甚至發現，製作薰香比皮手套好賺多了，帶動整個地區香水事業的繁榮，成為香水重鎮。為了紀念Nerola公主，她喜愛的橙花味道也更名為Neroli。

西元1709年，香水史上也有一突破，那就是意大利人約翰‧瑪利亞‧法利納（Johann Maria Farina）在德國科隆用紫蘇花油、摩香草、迷迭香、豆蔻、薰衣草、酒精和檸檬汁製成一種香氣撲鼻的神奇液體，被人稱之為「科隆水」，也就是古龍水（Eau de Cologne）的翻譯。

法皇路易十四嗜香水成癖，人民稱之為「愛香水的皇帝」，甚至號召臣民每天塗抹不同的香水。路易十五時期，宮內上上下下對香水的喜好和講究不亞於對服裝品味的追求，無論是服飾、整個宮廷都香氣四溢，被稱為「香水之宮」，而巴黎也順其自然的成為「香水之都」。

路易十六的瑪麗皇后特別喜歡一種以菫菜、薔薇為主要原料的香水，連最終被送上斷頭台時，都還在胸口藏著兩管的Houbigant香水來壯膽。這個時期，奢華的風氣掀起貴族以香水沐浴的潮流，當時香水被認為具有緩解疲勞、鬆弛神經和治療疾病等功效。然而在那時，所使用的香水並未有男女之分。

另一位香水迷則是拿破崙。在征戰期間，他一天可以用掉12公斤的香水，甚至於當他被放逐到小島上時，無法再使用香水，便自創薄荷香水，即稱為eau de toilette，成為日後的香水典範。而他的約瑟芬皇后則對玫瑰水和麝香情有獨鐘，後世以「麝香皇后」來稱呼她，因為拿破崙喜愛她3天不洗澡，混合著麝香的體味。

19世紀末，由於揮發性溶劑取代早期的蒸餾法，尤其是人造合成香料在法國誕生，使香水不再局限於單一的天然香味。1889年，嬌蘭製成第一瓶利用合成法，結合天然香料和人工香料的香水「Jicky」。各香水產業家族也由此迅速壯大，奠定了現代香水工業的基礎。

到了20世紀，歐洲彌漫一片自由和獨立的風氣。第一次世界大戰後，人們從維多利亞時代解放出來，香水正好反映當時嶄新的自由風氣。因為戰爭的關係，女性人口要比男性人口多出近2百萬，使用香水的潛在人口大增。當時的女性是堅強而浪漫的典範，她們在較有限的選擇中，選取富有女性韻味的花香香氣，舒緩身心之餘，也展示自我的魅力。

隨著時代的演進，婦女受教育的機會增加，走進社會拓寬視野，於是香水少了幾分濃郁甜美，而增添溫馨典雅的香氣。但在40年代，因第二次世界大戰明顯影響香水的生產。法屬印度和東印度群島等香料供應國因為戰爭而中斷生產，從而激起商人們開始自製香料。戰後時期，香水業之所以迅速發展，是因為花香能夠給飽受戰爭之苦的人們深情的慰藉，也是表達情感的方式。當時時尚界的大事是在1947年，法國大師迪奧（Dior）推出他的服裝之作「New Look」，同時也推出他的香水「迪奧小姐」（Miss Dior），蔚為風尚。

只是在1950年之前，大西洋對岸的美國人對香水的興趣是微乎其微。因為美國的立國精神以清教徒的信念為主導，當時社會環境認為人的原本體味是上帝的賜與，不容刻意改變。當時大部分的香水產品都是法國製造，法國人使用香水已有四百年的歷史；但若是要以香水來感動當時的美國大眾，就好比是來自異國的侵略詛咒，一開始也真的不太容易。即使二次世界大戰後，歸國的美國大兵會帶回來珍奇的法國香水，但是在一般人心目中，香水依然是身份未明且曖昧的物件，包括在當時的中國，香水多少還

是和煙花女子劃上等號。

在1949年，4個法國香水業者—Caron、Chanel、Coty和Guerlain，成立香水基金會（Fragrance Foundation）。基金會的第一屆會長遍訪全國的名媛午餐會圈子，推行香味的魔力。只是當時在歐洲風行的嬌蘭Shalimar「一千零一夜」、Joy香水，對一般美國人而言，仍是墮落浮華的象徵。

一切的改變，歸功於葛林女士（Annette Green），她年輕時是位時尚作家，鼓吹美國的一般女性也要像法國女人一樣，走在街上一定要有香味。葛林後來在1961年接掌香水基金會，40多年來也一直擔任香水業的主要發言人、歷史學者和檔案保管人，可說是美國的香水啟蒙者。

另外電影業和旅遊業的興起，也順便帶動香水的熱潮。當時汎美航空公司（Pan American World Airways）剛完成從紐約到巴黎的大西洋首航，把往返的時間縮減了一半，開啟美國人出國旅遊的熱潮。而電影從「羅馬假期」（Roman Holiday）、「龍鳳配」（Sabrina）到「金粉世界」（Gigi）的浪漫情節，讓歐洲向美國人頻頻招手，大家去旅遊都會買香水回來。另外自從電影明星瑪莉蓮夢露說她睡覺時只穿Chanel No.5香奈兒五號以後，這款香水立即在美國聲名大噪，香水在美國才正式擁有它的時尚地位。

到1950年代末期，歐洲製造商已在美國進口30種新型女性香水。50年代美國的雅詩‧蘭黛（Estee Lauder）女士結合當時的文化風氣，為香水市場帶來突破性的影響。1952年，雅詩蘭黛公司推出Youth Dew「青春之泉」，這香水包含著花果清香，洋溢著青春氣息，讓人感到輕鬆隨意不造作，打破只有在隆重場合才使用香水的慣例，因為雅詩‧蘭黛女士認為人人都有隨時美麗的權力。

60年代香水潮流更加發展多元，當時的年輕人視香水為時裝的展現，青年反叛思潮興起，屏棄傳統則被稱為時尚。香水也開始追求前衛風格，出現各式各樣的流派。

70年代女權運動高漲，女士們開始脫下裙裝、換上長褲並塗起男士的古龍水，富於清涼柑橘味兒的 Eau Sauvage最受時髦女性的青睞。迪奧的果香辛香調Diorelle和香奈兒香調鮮明的Cristalle相繼問世，活躍而有特色的香氛，為女性帶來另一種全新的風貌。

到了80年代，懷舊的保守主義和MTV潮流相互並行，也是香水創新的年代。雅痞人士的智慧、富有和才華，使香水成為炫耀身份的象徵，人們十分推崇香水味比人先到的豪華氣派。此時的香水，往往是一個品牌兩款香型，一種是男用（for men），一種是女用（for women），鮮明而濃郁的香調是當時的潮流。美國服裝名師卡文‧克萊（Calvin Klein）則推出香水三步曲：Obsession「迷戀」、Eternity「永恆」及Escape「逃逸」，充滿人生哲理的名稱，令香水成為身心投射的代號。

90年代極簡主義發始流行，中性香水成為男女之間共同的愛好，也更能滿足彼此對異性香水的好奇和渴求。男女共用的香水便是90年新的時尚香水概念。CK One便是一大代表，COMME des GARCONS 無性別淡香水、簡約造型的瓶身如Gucci的Envy也頗受歡迎。

到了現今的21世紀，奢華主義重現，許多款香水重回華麗復古的風格。香調組合更加豐富，包裝更為精緻，也多了幾分個人風格的訴求。香水的品牌多元化、產品多項化，某些品牌更強調個人專屬的香調搭配，反應出人們在尊崇時尚精神外，格外重視自我品味的提昇。

香水故事的
事實與虛構

關於香水的故事，就好比香水的本身，是真實與虛幻間的美麗記事……

14世紀的歐洲皇室有一段轟動一時的姐弟戀。當時50歲的匈牙利皇后伊莎貝拉，讓小她10幾歲的波蘭國王深深愛上她。除了這震撼時代的姐弟戀情外，伊莎貝拉這位歐洲香妃的御用愛情秘方，也在歐洲歷代王妃口耳相傳下流傳數百年至今。

據說，伊莎貝拉皇后迷人的魅力來自傳奇的香氛，那是運用歐洲最珍貴的植物，所萃取出數種高活性成分的植物純露及花香精油。每天用來保養淨身，讓她擁有如少女般吹彈可破的年輕容貌，尤其她身上獨特的迷人香味，更不禁令人心生愛戀想一親芳澤，這也正是現今香水的前身，卻是當時伊莎貝拉皇后的香氛回春魔法秘方。

嬌蘭家族第三代傳人的Jacques Guerlain，以印度國王淒美的愛情故事為背景，在1925年創造出膾炙人口的Shalimar「一千零一夜」。傳說印度大帝沙傑罕極為寵愛他的妃子泰姬，竭盡所能的希望博得美人歡心，他下令建造許多美麗的花園討好她。Jacques結合印度著名勝景泰姬瑪哈陵的故事，再以泰姬花園中所有的鮮花為素材，製造出當時巴

黎時尚界評為「瘋狂時代的代表作」的香水。偏木質又辛辣的香味，訴說著這段熱烈的愛情，也讓這瓶香水始終有著迷艷的風采。

　　70年代初期，法國名設計師聖羅蘭（Yves Saint Laurent）到中國大陸旅行。他被當地的神秘東方人文風情所觸動，有了另一層面的靈感。他在把玩他的鼻煙壺收藏時，想到的是一只精緻的香水瓶，如同鼻煙壺般的瑰麗，香調好比鼻煙壺裡所裝的鴉片，有著讓人上癮的誘惑，因此Opium「鴉片」在1977年誕生了。馥郁而華麗的東方辛香調香味，一度曾是所有仕女出席晚宴的必備武器。但是背後有則真實小故事，當聖羅蘭把那有著中國紅漆的小玩意給了產品經理Chantal Roos（也是日後三宅一生「一生之水」的策畫者）時，只說那是他要的香水瓶身顏色。Roos不太了解這東西的價值，所以把它弄成一塊塊的，並分給每個部門來發想。當聖羅蘭想要要回盒子時，簡直心痛欲碎！

　　Caron 的Fleur de Rocaille 是電影「女人香」（Scent of a Woman）中女主角所擦的香水。電影中艾爾帕西諾（Al Pacino）飾演一位盲眼壞脾氣的中校，嗅覺已成他的主要感官，對香水與女人的氣息尤為敏銳。他曾準確聞出空姐身上的香水，是來自英國皇家御用品牌的香水老鋪Floris。最後，中校從讚賞他的女教師身上聞到了讓他心動的味道—法國Caron的香水Fleur de Rocaille，意思是石中開出的花朵，堅韌而美麗。他本想放棄人生走上毀滅，但他靈敏的嗅覺經過這般「女人香」的點醒，成就了自我生命中另一個開始。

　　香水和人魔的關係，到底是如何？從電影「沈默的羔羊」（Silence of Lamb）中，氣味是人魔Hannibal噬人的配料，香水也成為追蹤的線索。女主角Clarice一開時站在他面前，人魔Dr. Lecter的嗅覺就透過窗孔把她透徹解析。茱蒂佛斯特所飾演的女探員Clarice，用的香水是Nina Ricci的療愈系香水L'Air du Temps，顯出這個女生在強悍的外表下，依然有著浪漫脆弱的靈魂。到了續集「人魔」（Hannibal）時，安東尼霍普金斯所飾演的Dr. Lecter原本藏匿在義大利的佛羅倫斯，而香水這個要角

一開始便是引子。Dr. Lecter在百年歷史的Santa Maria Novella的鋪子聞香、試香，再將香水寄給Clarice，卻也因此暴露他的行蹤，驚聳的故事就此展開。

美國的30年代的性感影星珍哈露（Jean Harlow）在當紅之際，嫁給了年齡比她大一倍的米高梅電影公司總裁保羅柏恩，他婚後不久就舉槍自殺了。據說柏恩患有性功能障礙，期望娶了這位性感女神能治好自己的隱疾，但兩人的婚姻並不美滿，他便用結束自己的方式來結束這段婚姻。在舉槍自盡前，保羅柏恩把自己浸在珍哈露最愛的香水中—Mitsouko「蝴蝶夫人」，這究竟訴說的是愛還是恨呢？應該是一股不捨的留戀吧。

拿破崙和約瑟芬兩人皆是用香高手，約瑟芬愛用麝香，也曾經種植滿園子的玫瑰。在1809年，拿破崙和約瑟芬離婚，隔年迎取年輕的奧國公主瑪麗路易斯（Marie Louise）。約瑟芬在離開前，憤怒的在住所到處灑滿了麝香，彷彿是一種宣示，她相信拿破崙永遠不會將她忘記，而且約瑟芬知道瑪麗公主平時只用一點紫羅蘭的香味，但是並不喜歡麝香，於是有人說那間房子過了很久都還散發出麝香的味道，彷彿約瑟芬未曾離開過。而歷史的記載也提及，拿破崙一生最愛的還是約瑟芬，或許麝香真的是有某種銷魂的魔力吧！

德國文壇怪才徐四金（Partick Süskind）的成名作《香水》，自1985年出版以來，可以說是風靡全球的讀者，不但譯有45種語言版本，還狂賣1500萬本。《香水》無疑是德國近代文學史上最重要的作品，徐四金用文字描述氣味的功力更令人感動。2006年改編的同名電影在各方期待下上映，故事是敘述一位形貌毫不起眼的葛奴乙，自小沒有任何人的關愛，在孤兒院長大。生下來就沒有一絲體味，但嗅覺卻極敏銳，鼻子能識別10萬種氣味。有一天，他突然發現某位紅髮少女身上流露出來的柔膩體香，讓他著迷到發狂，於是他突發怪想，想將這樣的體味保留下來。為了「作業方便」，一些精挑細選的處女都在取香後被他殺害。集天才與瘋狂於一身的他，很快的從這種獨家萃取香水的經驗中，產生了用香味征服世界的野心。他先後殺死共26名少女，萃取她們的體味蒸餾出神奇的香水。

香水的
六大品牌

Caron

Caron
愛與純粹的堅持

　　1904年，一位年輕的化學家Ernest Daltroff
愛上了安潘拉（Felicie Wanpouille），而他不
凡的創造靈感深深受到這位秘密愛人的影響。
Ernest Daltroff擁有與生俱來、特別敏銳的嗅覺
感官，而Caron這間香水店便在此機緣下，於巴
黎的10 rue de la Paix菲尼斯街10號正式創立。

　　愛是最好的催化劑，他們兩人在一起創造不
少的香氛佳作，像是1916年的N'Aimez que
Moi、 1919年的淡菸香水Tabac Blond、 1934
年推出的男香Pour un Homme，還有著名的
Fleurs de Rocaille等。

100多年來，Caron依舊保留真正的調香工作室精神，堅持不惜成本使用天然素材來製造香水。這樣的策略。似乎和越來越多香水品牌採用化學合成的趨勢背道而馳，但也因為如此，Caron的精神永遠吸引著世界頂尖品味人士駐足，知名的香水包括前法國總理德維爾潘和超級時尚大師Tom Ford愛用的Pour Un Homme De Caron，那是Caron的第一款男香，以95%純天然香氛來表現，由薰衣草精油、龍涎香和香子蘭構成。還有影后伊莎貝拉・艾珍妮（Isabelle Adjani）不能沒有的En Avion，那是Caron為了紀念第一位女性飛行員所推出的香水。天后瑪丹娜只要光臨Caron，一定要買的是

Caron

Poivre胡椒香水，因為她超愛那種獨一無二的胡椒香味。普普風流行藝術畫家安迪·沃荷（Andy Warhol）·喜歡的，則是Caron的Tabac Blond淡菸香水。

由於香水中皆融入珍稀花草萃取精華，也充份應用異國香氛素材的特色，使Caron一直名列於頂級香水品牌。而Caron也擅長運用美妙的名詞或典故為其獨特的香水命名，讓香水流芳百世。除了香水之外，Caron的專屬調香師按1930年代的古法蒸餾保加利亞玫瑰，再製成的各色香蜜粉，至今一直是倍受歡迎的特色商品。香水迷要是高興，也可擁有店中一系列的豪華配件，例如水晶綴片、限量有塞小瓶子、瓷器的珠寶盒等，

皆有Caron的色彩在其中。

　　Caron最值得讓人津津樂道的，便是位於巴黎34 Avenue Montaigne的形象旗艦店，奢華而古典的風華，塗上亮漆的牆壁，滿室洋溢著香味。一進門看到的是發光的玻璃架上擺設寶石般的香水，神奇的魔鏡映照著巴洛克的水晶壺。還有遠近馳名的 Caron香水噴泉，幾乎都是半個人高的大型水晶香水瓶，像一座一座美麗的香水泉，顧客也可以依照自己的喜好選擇店內的香水瓶，再用瓶子在這些大香水瓶下盛裝喜愛的香水，感覺真像是一座香水的聖殿。

　　直到今日，Caron的香水殿堂擁有多達30種以上的香水種類，無論是香調、瓶身設計，都堅持一貫的精緻傳承。在2000年春天，美國紐約也有了Caron香水店，這也是Caron設立的第一間海外分店，其設計概念當然也源自於法國總店的精神。2001年秋天，第二間位於巴黎的Caron香水殿堂也正式成立，位在90 Rue du Faubourg Saint Honoré法布大街90號，正巧就在香榭酒店的對面。銀灰色珠寶盒的外觀建築，依然是文雅與奢華的融合。

CHANEL

CHANEL
時尚與浪漫的經典革新

CHANEL

Gabrielle Chanel出生於1883年8月19日，很小便成為孤兒，她的祖母將她送到修道院。在修道院時，她學會了縫紉，也想過要成為一位舞蹈藝術家。在一次演出中，她演唱了一首（Qui gu'vu Coco dans le Trocader）「誰已經發現了Coco」而大受歡迎，從此人們就一直稱她為Coco。

後來一個叫Etienne Balsan的優雅富家子為了追求她，將Coco從困境中解放出來，並把她帶入上流社會，Coco也接觸到馬術世界（也成為她日後設計的靈感之一）。在一些朋友們的幫助下，第一次世界大戰前Chanel在巴黎的Rne Cambon和Deanville開了屬於她自己的服裝飾品店，接著在Biarriz及Cannes拓點，她的努力也很快把借的錢還清。

Chanel也許是第一個認識到戰爭可能會帶給她成功的人，她發現儘管當時錢只能用來買槍和黃油，但女人還是不停的購置新衣，與以往不同的是，他們是較理性的選擇衣物，更精打細算，還拒買一些奢侈品。Chanel的女裝適應這個時代的口味，乾脆將男裝變身改造，成為女裝元素

的大部份。Chanel徹底改變了婦女的穿著觀念，她那簡潔的緊身裙、騎馬裝、毛衣和褲子，將婦女帶入個性解放的新天地。原本她最初的發想便來自密友西敏公爵的衣櫃，以「男裝女穿」的概念，設計她自己想穿的服裝，而她的倡導漸漸為那個時代婦女所接受。從此簡潔明快、略帶男性化的裝扮受到大眾的認可和青睞。

1921年，Coco Chanel推出第一支香水Chanel No.5而大受歡迎。黑與白一直是她的最愛，在1926年首創的經典黑色小洋裝，則是時尚界的永恆創作。至於獨創的白色山茶花，更是眾所矚目的焦點。山茶花完美的單純性、接近幾何的圓形、純淨的顏色，以及規則形的花瓣，使香奈兒女士深深著迷，但沒有人確切知道她為何選用山茶花成為她時裝王國的「國花」。可可香奈兒的俄國情人狄米崔大公曾告訴過她，在19世紀的帝俄宮廷，貴族參加晚宴時，總習慣在胸前別上一朵白色山茶，又或許她是被小仲馬的悲劇《茶花女》所感動。謎樣的山茶花反而使得它更具吸引力，正如它所象徵的女性般，豐盈又純美。

香奈兒女士總對人生充滿十足熱情，畢生交友無數。巴黎的麗池（Ritz）酒店成為她常停駐的據點，直到二次大戰期間，她在巴黎的戀情使她蒙上同德國勾結的不白之冤，原來她當時正和一位年輕英挺的德國軍官談戀愛。只是戰爭結束後，有不少人士因通敵的罪名被提起公訴，Coco

Chanel也是其中之一，傳說她那時穿著喜愛的褲裝，戴著成串的珍珠項鍊，別著一朵白色的山茶花，幽幽的說：「我都快60歲了，還有年輕男人願意和我上床，我怎會要他給我看護照呢？」只是二次世界大戰一結束，她就此離開法國，前往瑞士。

但香奈兒女士並沒有就此放棄自己的事業，忙到70多歲仍未退休，並還把巴黎的店面重新開張營業。而Chanel獨特的平針織物和粗呢質地的套裝，也是在那個時期推出。她也會為套裝搭配華貴的手鐲和各式珍珠項鏈，以珠寶解構重組的方式，營造另一款不同風貌的時尚風格。到了1955年，Chanel在所有的皮包上都加上了一對背靠背、並肩排列的雙C標識，這也成為之後Chanel品牌皮飾的象徵。

1971年1月10日，香奈兒女士與世長辭，Chanel品牌頓失光彩，直至12年之後Karl Lagerfeld接手，他的投入又重新樹立起Chanel的品牌光環。回顧Chanel甜美、優雅的背後，靈感卻經常來自男人服飾，這就是為什麼香奈兒女士的信念，幾乎啟蒙了女性主義，讓女人以更自由創意的勇氣，擁有自信迷人的風貌，如同香奈兒女士生前所言：「願我的傳奇昌盛繁茂，祝它綿延不絕，永遠快樂。」

CHANEL

香奈兒大事紀

1883 嘉伯麗・香奈兒（Gabrielle Chanel），8月19
日生於法國中部，她是獅子座。

1910 香奈兒女士進駐康朋街（Cambon）21號，開
設一間名為「CHANEL Modes」的女帽店。

1913 香奈兒女士在法國渡假聖地杜維爾（Dea-
vuille）開設精品店，專賣女帽及配件飾品。

1915 香奈兒女士在西南部的比亞里茨（Biarriz）開設
第一家設計工作坊。

1921 香奈兒女士買下康朋街31號，開設第一家香奈兒
精品店。同年發表由調香師恩尼斯・鮑（Ernest
Beaux）精心調製的第一支傳奇品牌香水No°
5，Ernest直至1952年一直擔任香奈兒品牌的專
屬調香師。

1924 小名COCO的香奈兒女士為芭蕾舞「藍色列
車」（Le Train Bleu），擔綱戲服設計。

1926 香奈兒女士推出經典款「黑色小洋裝」（little
black dress）。

1928 與英國西敏公爵同遊蘇格蘭，啓發靈感，香奈兒
推出第一款斜紋軟呢料套裝。

1932 香奈兒珠寶首展，其中作品如「彗星」、「噴
泉」項鍊，並於1993年由香奈兒珠寶重新推出複
刻版。

1954 香奈兒女士以71歲之齡重回時尚界。

1955 香奈兒女士於美國德州達拉斯市獲頒「時尚奧斯
卡」（Fashion Oscar）獎，推崇香奈兒女士為
「20世紀最具影響力的服裝設計師」。同年調香
師亨利・羅伯特（Henry Robert）藉由創造香水
來改變男士對香水的看法，推出香奈兒的第一款
男士淡香水Pour Monsieur，獻給紳士們。

1971 香奈兒女士於該年1月10日逝世於巴黎。

1979 賈克・波巨（Jacques Polge）成為香奈兒公司
的第三任調香師，也　是目前為止專職於單一品
牌的「鼻子」，他創作並掌握所有的香奈兒香水
配方。

1983 卡爾・拉格斐（Karl Lagerfeld）獲聘為香奈兒
時裝藝術總監。

CHANEL

CHANEL

認識
CHANEL香水

1. 擁有專屬調香師的精品品牌。

2. 1921年：著名的N°5香水問世，奠定CHANEL的化妝品版圖。

   同年，香奈兒的第一任專屬調香師恩尼斯‧鮑（又稱鼻子，Nose of CHANEL）上任，直至1952年一直擔任香奈兒品牌的專屬調香師。

3. 1955年：第一款男士淡香水Pour Monsieur誕生。

4. 1979年：第三任調香師：賈克‧波巨（Jacques Polge）上任。

5. 採用手工蜜臘彌封香水：香奈兒雙C蜜蠟封印封口，以保證其無法偽造的品質。

6. 承襲CHANEL精緻、尊貴、高品質的傳統，香奈兒和香水之都格拉斯簽下百年合約，確保所有花材的質和量穩定無虞。

7. 2001年：摩登COCO香水問世。

   2001年，現任香奈兒專屬調香師賈克‧波巨創作摩登COCO香水，自上市以來，成功得到廣大迴響，獲得歐洲各國如法國、義大利、西班牙、英國、德國等國FIFI香水獎的最佳女香大獎；2002年，在美國也獲FIFI香水奧斯卡年度最佳女香的殊榮。

   2001摩登COCO代言人：凱特摩絲。

   第一任平面廣告代言人凱特摩絲，以烏黑短髮、頭戴一頂男性化圓帽、身上披掛一串光亮珍珠，傳達堅毅誘人、半倚牆面的姿態，表現出香奈兒女士摩登又果斷的性格，令人印象深刻。

   2007代言人：綺拉奈特莉。

   當綺拉表現出如同香奈兒女士一樣叛逆性格之時，也帶出她的力量及獨立自主的特質，如同之前的代言人，綺拉擁有一種誘人的氣質，也是這份迷人的魅力讓她成為符合香奈兒氣質的女人。

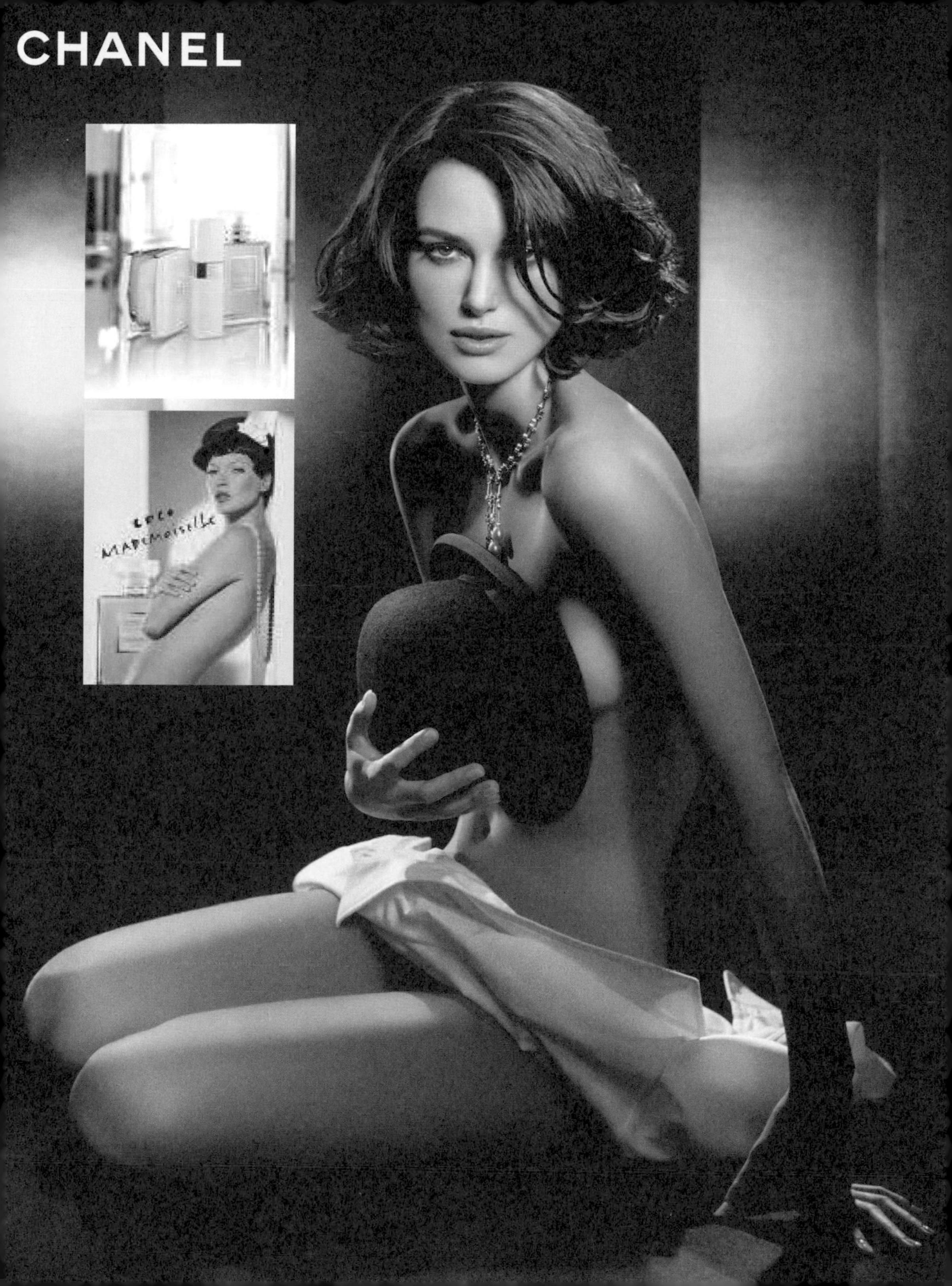
CHANEL

CHANEL專屬調香大師

賈克·波巨 簡介
Jacques Polge

「Smell and you will see」，賈克·波巨這位自1978年即加入CHANEL，成為品牌專屬香水創意大師解釋道。如果只對香水的體認停留在成分配方的階段，那與他對香水那股豐富創造力的意境相比，實在大不相同。他認為香水的奧秘就如同語言一般，唯有透過個人的敏銳度才能體會。

賈克·波巨是在一個偶然的機會踏入香水的世界。來自沃克呂茲（Vaucluse）的他，卻最有資格自許為格拉斯人。當時他在普羅旺斯主修文學與英文，而且非常喜歡詩詞—「若沒有了詩詞

的意境，現實會是何種景象？即使你不讀詩詞，它在日常生活中依然有無窮的意義。」儘管如此，他對於從事教職的前景一點也不熱衷。有一天，他聽說格拉斯一家公司為其紐約分公司尋找幾名「鼻子」，一場冒險正在向他招手。

他回憶道：「當時的紐約非常迷人，比現在更自然、更沸騰，沒有什麼是不可能的。離開法國之前，我在格拉斯學到這個行業的基本知識，亦即入門的技巧，然而只有在紐約時，我才開始真正瞭解我在做什麼。」

他在美國待了兩年後，回到巴黎為Roure-Bertrand-Dupont工作。這家公司有「為服裝品牌創作香水的悠久經驗。我們學到了為什麼某種香水比較適合某種品牌，卻不適用於其他品牌。這是對創意的一種特殊看法，對風格的思考。」他繼續補充：「每一個品牌都有性別。」而當他加入CHANEL時，他內心對這個品牌的性別從沒有過絲毫的猶豫，它是如此的女性化！而這種女性化正是透過Chanel女士自己對它的一種詮釋。

他追隨著兩位傳奇人物：恩尼斯·鮑（Ernest Beaux）與亨利·羅伯特（Henry Robert）的腳步，他們分別是No. 5與No. 19的創意大師。因此，賈克·波巨成了他們獨一無二的嗅覺遺產傳承者。年復一年，他盡職的設法保持各種香水的原有氣息，令其在複製上忠於原始香味。這項任務包括審查生產過程中的每個階段，以及持續慎選最優質的原料。這包括到遠方去收集當地耕作的植物，例如科摩爾群島（Comoro Islands）的伊蘭伊蘭、印尼的廣藿香，乃至格拉斯的玫瑰與茉莉，後者專門提供製造No. 5。

但對CHANEL而言，完全的忠實也是一種不忠的表現，因為品牌的根本精神同時也是現代的精神，它的基礎建立在大膽與完美並重。賈克·波巨於創作時將革新的概念放在一切之上，他設計的每一款香水都是一個故事，也是品牌重新編寫的故事。COCO香水的誕生過程便是一個最好的典範：「Chanel女士在康朋街（Rue Cambon）的住宅，之前從未像現今如此充滿生氣。我企圖瞭解Chanel女士在裝飾上的選擇與其創作之間所存

在的關係。我感到如此的不平凡，超越香水造就的精神。其所散發的巴洛克風格氣氛，讓人聯想到威尼斯和東方之門，因而啟發我創造COCO香水的靈感。」這就是他如何創出一款同時強調無比驚喜與絕對純淨、最具CHANEL代表性的香水。

無論賈克·波巨的創造靈感來自如夢似幻的東方色彩，或是如絲絨般的嗓音，正如ALLURE SENSUELLE，他相信每一種香水必須能「帶你到某個地方」。但是這種旅行也是一種奧秘：「若是缺乏這個重要的元素，就無法超越時間。」他最喜歡的話題當然是魅力：「在純潔與誘惑兩種芬芳的氣味之間，我比較偏愛後者。」但是他所謂的魅力與迎面而來的撲鼻香味絕不相同，那不過是給大家看的表面功夫，使香水與女性特質變得平凡無奇。「對CHANEL而言，設計香水如同設計高級、精緻的產品。對於這方面，CHA-NEL的文化極為特殊，創作的工作條件獨一無二。」賈克·波巨解釋道：「我們有自己的實驗室，這也是我們與眾不同的一點。」

CHANEL之所以與眾不同的另一個原因，是他們選擇高貴的花卉香料。他對茉莉與玫瑰的喜歡依然超越其他一切，後者無疑存在於CHANEL品牌的建立基礎；他厭惡晚香玉和金合歡，他認為那味道有些魯莽與侵犯性。

正如他一樣，當一個人知道怎麼將時間的線串連起來，來探索無盡的奧妙，這將會是如何的一番景象？賈克·波巨所受的訓練讓他能識別幾百種不同的香味，他是香水的專家兼創意大師，所信仰的是看不到的東西。「香水乃是一種另類型式的詩賦。」他說：「它雖然不言不語，然而所給予人們的卻是如此之多。」一語道盡香水的深奧原貌。

賈克·波巨的香水創作

1981 **ANTAEUS**
1984 **COCO**
1990 **ÉGOÏSTE**
1991 **POUR MONSIEUR**
      CONCENTRÉE
1993 **ÉGOÏSTE PLATINUM**
1996 **ALLURE**
1999 **ALLURE HOMME**
2001 **COCO MADEMOISELLE**
2003 **CHANCE**
2004 **ALLURE HOMME SPORT**
2006 **ALLURE SENSUELLE**
2007 **LES EXCLUSIFS**

和優雅相遇的風華與時尚——
Christian Dior 先生

克麗絲汀‧迪奧化妝品與高級時尚服飾的創始人Christian Dior 先生出生於1905年，家境富裕的他，父母原本期望他成為一個外交家，然而迪奧自幼便醉心於繪畫和藝術創作，決心開始朝藝術領域發展。1934年迪奧開始學習織錦，並在1935年成為巴黎費加洛（Le Figaro）報社服裝設計專欄主筆，跨出服裝時尚的第一步。

1938年迪奧開始從事服裝設計，以名為「Café Anglais」黑白相間的千鳥格服飾而聲名大噪。1941年他領悟到以素材的觸感，呈現織品本身的自然流動線條，才是高級時裝的精神所在，從此也確立迪奧的設計理念。1946年迪奧獲得法國紡織業鉅子 Marcel Boussac的賞識，資助成立迪奧服裝王國，隔年正值二次大戰結束，巴黎時尚界正值蕭條，Coco Chanel不在巴黎，Balenciaga（巴黎世家）也未有新作，迪奧卻決定舉行個人服裝設計展。當90位模特兒身穿細腰外套、寬擺長裙之A字型剪裁出現時，一夕之間，迪奧掀起級時尚改革浪潮，並領導往後數十年的流行風格。Bazaar時尚記者稱之為「 New Look」（新風格），從此亦奠定Dior的名聲地位。

迪奧先生的New Look「新風格」為第二次世界大戰後灰暗的時尚界，注入嶄新的生氣與色彩，而1947年問世的Miss Dior香水，更讓女性再度散發出誘人的女性美。

Miss Dior是迪奧先生設計的第一款高級時尚香水， Miss Dior的由來，是依循著迪奧先生心目中，完美典雅的姊姊形象而來的。設計意念以純白色為底，意味著清新並透露出沉穩、高雅的氣質。凹凸的千鳥格花紋與瓶身相互對照，盒身中心裝飾著Dior傳統橢圓型標誌，並以迪奧先生最喜愛的淺灰色為底，繫上新路易十六時期（neo-Louis XVI）風格的蝴蝶結。在半世紀後的今天，Miss Dior高雅的白色、淺灰色橢圓形標誌，仍然是Parfums Chirstian Dior劃時代的設計代表之一，也忠實的傳達迪奧先生對品牌的期許：表現出典雅且歷久彌新的高尚品味！

迪奧香水一直在香水時尚界創意無限，包括在1956年，推出柔美的茉莉花香水Diorissmo、1985年改寫香水史，詮釋女人危險魅力的Poison毒藥系列、木質香調Fahrenheit男香、海洋香調的Dune、花香調的時尚香水J'adore、青春性感的Addict系列等，2005年更推出向迪奧先生致敬的紀念香水 Miss Dior Chérie，瓶身依舊高貴典雅，香氛卻是有趣的美食花香調，還加入新奇的焦糖爆米花香和草莓冰砂的香氣，全然是另一種新鮮的突破。

2007年第5版的Poison問世，深藍色的Midnight Poison為Dior香水王國創建50年的最佳獻禮，廣告中的Eva Green身著Dior最昂貴的訂製服裝，傳達深刻又冷艷的氛圍。

Dior品牌大事記

1947 Mr. Dior 發表「New Look」，迪奧品牌正式掘起

1953 Yves Saint Laurent擔任迪奧先生的副手

1957 迪奧先生過世，Yves Saint Laurent接任首席設計師

1960 Yves Saint Laurent征招入伍，由Marc Bohan擔任設計師

1989 Gianfranco Ferre擔任設計師

1996 John Galliano接任首席設計師

1990 正式併入全歐最大高級精品集團LVMH

　　 附註：

　　 自2001年起，迪奧於每年情人節期間推出一款當年限量香

　　 水，並不定期有主題限量香水的推出

2001 Remember Me

2002 Forever and Ever

2003 I Love Dior

2004 Chris 1947

2005 Dior me, Dior me not

2006 Dior癮誘甜心2夏日限量淡香水

　　 Dior聖誕限量香水Midnight Charm

2007 Dior 癮誘甜心雙子星限量版

　　 2007年初夏Dior癮誘甜心推出夏日牡丹限量淡香水

Christian Dior

迪奧先生的百年風華
Miss Dior 到 Miss Dior Chérie

Christian Dior先生經常提起他的童年，他總是將一切歸功於童年啓蒙地一位於法國諾曼地Granville的家園。那兒有著一座海邊別墅，其中充滿兒時記憶的花園，深深影響迪奧先生日後的設計，無論是服裝或香水，都可以看到迪奧先生鍾愛的鈴蘭花的蹤影。迪奧先生與他的童年玩伴Serge Heftler-Louiche（後來成為Christian Dior香水部門的總裁）一起在這「北方的摩納哥」成長，那兒滿是茉莉花、鈴蘭花、玫瑰花與遍地梔子花的花園，兩人也相約到滿是海藻的海邊競賽泳技。童年的花園給這兩個孩子美好的回憶，更造就兩人深厚的情誼，並日後進而攜手推出迪奧先生的第一款香水——Miss Dior。

當迪奧先生於1946年開始設計其被喻為「New Look」的系列作品時，他腦中已開始構思創造一款淡香水。因為迪奧先生認為，女人的美麗必須是「total look」，美麗的服飾也需要精緻的香水才能相得益彰。

1947首款「New Look」概念瓶身的 Miss Dior

「香水是一扇開啓到新宇宙的大門……有一天當我與Serge Heftler Louiche談論香水，他認為我的想法跟他類似。這4年來，我們如同找尋智慧之石的煉金術士般工作著，接著Miss Dior誕生了。它出現在普羅旺斯每個充滿螢火蟲的夜晚，當綠色的茉莉花吟唱出夜晚與大地的旋律……做為一個持久的淡香水，它必須先在創造者的心中醞釀一段漫長的時間。」

迪奧先生想創造出一款有別於當時普遍使用的「婦人起居間香水」，於是與

童年好友Serge Heftler-Louiche合作，以兒時花園為靈感，調製了Miss Dior。這是一款蘚苔調的淡香水，將迪奧先生所熟悉的花園中的玫瑰、茉莉與梔子花混合，並加上橡樹苔的基底，調配出具有溫暖氣息的全新香氛，也正是「New Look」的精神。

Miss Dior也是迪奧先生友誼的成果，除了Serge Heftler-Louiche之外，迪奧先生請他的藝術界好友Rene Gruau為香水繪製廣告海報，以一隻戴帶著珍珠項鍊及白色緞帶的白天鵝，傳達Miss Dior香水的高雅與清新香氛。迪奧先生的另一位作曲家朋友Henri Sauguet，則為Miss Dior寫了一首華爾滋舞曲。至於為法國蒙恬大道設計裝飾的頂尖設計師Victor Grandpierr，負責設計Miss Dior的外盒，他以瓶身的千鳥格圖案打造Miss Dior的香水外包裝。結合當代一時之選，Miss Dior香水自然成為跨世紀的不朽經典！

Miss Dior是一款針對上流社會所打造的淡香水，在1947年，女性們噴上它出席沙龍、舞廳及各種社交場合。而在同年2月12日，迪奧先生「New Look」的首場時尚秀上，與會貴賓紛紛灑上這款優雅的香水，在場每個人都沉浸於Miss Dior的香氛中。

Miss Dior的瓶身

「我設計了花樣女性，但我們知道唯有靠嚴格的構造，才可成就這種雅緻的外在。」

迪奧先生親自投入Miss Dior瓶身的設計，每個階段他總以輕柔的語氣提出建議：「若您將設計圖轉一圈，會是如何呢？」

1947年首款Miss Dior香水誕生，瓶身由巴卡拉水晶所製作，並由Fernand Guery-Colas設計雙耳細頸瓶，在其細頸上，有修長雅緻的瓶塞，瓶身則是帶有女性輪廓的圓形瓶身。這款雙耳細頸瓶身，象徵迪奧先生New Look的「8字型」及「Corolle」（花冠）線條。

Miss Dior香水在1947年推出時，只有限量的283瓶，擁有訂製女裝概念的瓶身。這個雙耳細頸瓶身有著藍色、白色及紅色的法國顏色版本，亦重新詮釋精緻的線條與尊貴的形象，更是令人懷舊的18世紀奢華表徵。而這種限量設計的概念，也是日後限量香水風潮的開端。

當Miss Dior上市時，迪奧先生說道：「我已創造出一種可圍繞在每個優雅氣質女性旁的淡香水，就如同穿戴我所設計的服飾般，女性不斷的從Miss Dior瓶身中新生。」

「對女性而言，淡香水是種不可或缺的元素，它是一種附著在服飾上的最終感動。」

「如同高級女性訂製時裝的設計者，我將我自己視為香水的創造者，我成為一個調香師，因此我能在每個讓我打扮的女性身上，創造出令人難以忘懷的Christian Dior餘香氣味。」

1950年千鳥格圖案瓶身的Miss Dior

在投入「VERTICALE」系列設計時，

迪奧先生決定改變Miss Dior的瓶身。他想像著一款「如同服裝剪裁般」的瓶身，具有強烈的結構感、幾何感卻又非常端莊，並且可以恰當的反映出當時的現代主義精神，也就是具有協調美又優雅的瓶身。

「Pied-de-poule」千鳥格圖案（一名犬牙標記），為19世紀末英格蘭男裝流行的黑色粗花呢圖騰，接著便使用在女性的服飾上，同時也是威爾斯王子的標記。迪奧先生非常喜歡「Pied-de-poule」，它有著清晰精確的圖案，像一個不規則、四角不齊的西洋棋盤。

1938年，Dior先生為女裝設計師Robert Piguet設計首件「pied-de-poule」的主題服飾：「Café Anglais」。1950年的全新Miss Dior瓶身，是「pied-de-poule」的主題首次運用在Miss Dior上，它刻印在瓶身的精美玻璃上，玻璃的毛邊及閃爍的反射光，強調該款淡香水獨具優雅與高貴的特殊性。

1957年Miss Dior Dog限量設計款

為了Miss Dior淡香水的10週年慶，迪

奧先生再度創造限量版，這次是以他的愛犬為造型，十分俏皮可愛，但這也是迪奧先生去世前的最後紀念款。在日後的限量瓶身版本中，也曾設計過方便攜帶，製於皮套中的旅行連身式樣。

1992年建築結構設計瓶身的Miss Dior

　　雖然是以服裝設計聞名，但是迪奧先生對於建築藝術卻非常有興趣。兒時位於Granville的家園，曾因家道中落而賣出，迪奧先生在成名後重新購回，並親自設計，賦予這棟充滿回憶的建築物全新的風貌與設計感。由此也突顯迪奧先生對於建築藝術美學的天賦與深厚的興趣。1992年，Miss Dior上市45週年，為了讓這瓶經典香水展現全新的時代風貌，便為這支香水重新設計瓶身。由於迪奧先生生前對於建築設計的熱愛，迪奧團隊決定以幾何設計與建築美學，做為新一代Miss Dior瓶身的設計概念。

　　方型瓶身的頂端為幾何造型，讓整體呈現新世紀的建築美學感。迪奧首次使用霧面玻璃與拋光玻璃的交疊，使透光性更佳，使瓶身完整呈現「Pied-de-poule」的千鳥格圖案。

　　然而新一代設計的Miss Dior瓶身，仍在瓶蓋部位保留象徵高級訂製女裝的蝴蝶結。這種精巧的白色蝴蝶結飾，仍以手工一瓶瓶繫上，而且蝴蝶結飾的角度與高度都需一致，可說是連細節都非常講究，也道地傳達經典的「Pied-de-poule」與高級訂製女裝的象徵。

2005年Miss Dior Chérie

　　2005年，迪奧先生百年紀念，迪奧藝術總監John Galliano以全新New Look服飾，詮釋新世紀的迪奧精神。同時，John Galliano先生也親自參與全新Miss Dior Chérie香水的推出，象徵世代傳承的歷史意義。

　　Miss Dior Chérie淡香水是驚喜的創新，在John Galliano的才能下，結合所有Miss Dior的經典符號，包含了—pied de poule、訂製女裝蝴蝶結、橫立的瓶身，以及刻劃精密的瓶身頂部，是一款新世代的香水。

Miss Dior Chérie可說是嗅覺創作突破，以「美食調」的花香調，開啟劃世紀的淡香水種類。沿襲之前Miss Dior的蘚苔基調，Miss Dior Cherie以野梅露與焦糖爆米花的美食調取代先前Miss Dior的純然花香調，鮮明打造新世代15-25歲年輕女孩的風貌。

Miss Dior Chérie的調香師Ms. Christine Nagel觀察時下的年輕巴黎女孩，她們有能力為世界上大多數的昂貴服飾而瘋狂，但同時卻又大口品嚐義大利冰淇淋。要結合她們的多面性，並將其收集在一款香水中，對調香師是一項挑戰。「我創造一款『爆米花』的蘚苔調，參考那些在巴黎富人區中參加『女孩派對』的年輕女孩。」

「她們花了好幾個小時為這每月派對做準備，到髮廊設計最時尚的髮型、並交換數千個美容小妙方，穿著甜美的粉紅色與名牌服飾，Dior便是最佳的例子。這些妙齡女孩發揮創造力及新鮮感，捨棄她們母親的好品味及對服飾的基本忠告。觀察她們時，我已想像到此種『美食調』的蘚苔基調香水，一種爆發出多采多姿泡泡的調性，讓她們的甜美氣質引人注目，且顯現所有複雜且快樂個性的典型對比。」

Miss Dior Chérie以野莓加上經典的綠甜橙為前調，預告著這屬於味覺的甜美饗宴。接著以年輕美眉喜歡的焦糖爆米花與草莓冰砂為中調，並融合迷人的紫羅蘭、粉紅茉莉花香。基調則是用水晶麝香取代

傳統的苔蘚，調配出全新的美食花香調。

Miss Dior Chérie的瓶身與外包裝，在高級葡萄酒瓶身與現代風格間，交織出一種現代化的經典訂製女裝標誌。瓶身使用與Miss Dior相同的建築結構概念，頂部為幾何型的設計。訂製女裝蝴蝶結以銀色金屬取代，呈現新時代的現代感。「pied-de-poule」主題設計於瓶身底部，讓瓶身具有清澈明亮的透明度，可清楚看到呈現細嫩蜜桃色的淡香水。香水名稱字體特別與1947年經典的Miss Dior使用同款的銅板手稿，傳達世代傳承的概念，但是香水的名稱改為燙銀字體，更顯現代年輕的魅力。每個小細節都極為講究，這一切正符合當年迪奧先生所說的：「當設計走向優雅，細節如同本質一樣重要！」

Guerlain

回顧在1828年至1864年間的階段，原為醫生及藥劑師的嬌蘭創始者Pierre-Francois-Pascal Guerlain先生，因調香技術深受當時皇室肯定，而成為御用級調香師。他也有針對個人專屬的「成分處方簽」設計香水，例如專為某位女性、某個場合設計，甚至還有「只在一夜的空間內發揮」的調配香水，為的是能讓使用者充份享有品味的尊寵。

接下來他開始開創個人的香水事業，法國嬌蘭香氛世家正式始於1828年，在巴黎Rue de Riboli開設第一家香水店。

1853年嬌蘭推出的帝王香水，有著極簡的檸檬氣味與迷迭香，擄獲法國女皇Eugenie的心，

嬌蘭香水——
融合皇室宮廷與專業調香的永恆精神

Guerlain

瓶身設計有當時拿破崙的「蜜蜂徽記」。後來成為法國及歐洲各皇室特聘的香水專家，成功奠定Guerlain百年名品香水的根基，也還因此獲得皇家頒發的「皇室特許狀」。帝王香水問世150多年，迄今仍值得購買收藏，但目前只有法國當地接受訂製。

當Pierre-francois-Pascal Guerlain先生於1864年離開人世後，盛極一時的龐大香水事業即由他的兩個兒子Gabriel和Aime肩負。繼承人之一的Amie Guerlain本身即擁有奇特的創作天賦，以分手英國女友的小名Jicky，製造出世界上第一瓶有「前、中、後」味的香水。這瓶Jicky香水是由花朵精華提煉的香精製成，為世

上第一瓶利用合成法，結合天然香料與人工香料製成的香水，也是第一瓶中性香味的香水。

從1874至1963年間，第三代繼承人Jacques Guerlain承接嬌蘭的香水王國，他擅長香水調配，並且將香水與歷史文化背景做完美結合。在第一次世界大戰後，Jacques受Puccini著作的「蝴蝶夫人」（Madame Butterfly）啓發，創作知名的Mitsouko「蝴蝶夫人」香水，表達的正是當時世人對日本侵略戰史的心結反應，以及對東方神祕魅力的憧憬。

到了1925年，巴黎已成為世界級的大都會，極具東方色彩的 Shalimar「千零一夜」香水被評為「瘋狂時代」的代表作。它的獨特東方香調令人印象深刻，後來進軍美國市場，成為全球知名的20年代女香代表。

Shalimar「一千零一夜」、Mitsouko「蝴蝶夫人」等經典香水，在香調和包裝上融合神祕的東方文化色彩，表達其中絕美的愛情傳說，也是當年時尚界絕佳的復古突破與創意。在此時，GUERLAIN的事業也不再侷限於香水產品，護膚產品、潔面乳、化妝品等也陸續大規模生產上市。

1937年開始，第四代繼承人 Jean Paul Guerlain接掌嬌蘭，他被譽為「香水魔法師」，因為他有著能分辨3000種不同香味的靈敏嗅覺，且不斷旅遊世界各地，尋找靈感及新香味。像是1969年，「青春」的主題促使Jean-Paul Guerlain 創造Chamade「長相憶」，代表60及70年代超脫世俗的解放女香；另外獻給千禧年的女性Samsara「輪迴」香水成功將檀香結合在香水中，凸顯當代女性注重心靈層次發展的特質；此外還推出第一瓶為男性設計的Vetiver男香，都是其代表傑作。

Guerlain

　　在21世紀來臨前的1996年，嬌蘭再度打破香水提煉的方式，成功結合含羞草及花香，發展出充份表達現代女性的Champs-Elysées「香榭里舍」女香。同時，邀請Robert Granai設計香水瓶外型，女星蘇菲瑪索（Sophie Marceau）代言，除了代表女性充滿自信的曲線美外，更代表在世事多變下的生命毅力。

當Jean-Paul Guerlain於1998年4月抵達日本時，正值櫻花季節，所有禮物外包裝會印上Sakura字樣，當地櫻花璀燦動人的風景人文，激發他以櫻花創作新香的概念。而1999年嬌蘭櫻花香水一推出後，隨即銷售一空，在亞洲造成轟動。之後嬌蘭每年都會在瓶身及香調上作變化，推出限量的櫻花香水，甚至推出限量櫻花彩妝，都廣受歡迎，成為嬌蘭在亞洲的明星香水。

自1999年開始，另外創造的Aqua Allegoria「花草水語」香水系列，將他在普羅旺斯鄉間所捕捉到的各式花果視覺印象與香氛感覺，加上種種來自希臘神話的創作概念，分裝在每一個瓶身中與世人分享。每一瓶香水都藏著不同的記憶及對花香水語的愛戀，如此也回應著Aqua Allegoria的原出處—希臘文「alle某一處」的意境。

花草水語系列是嬌蘭的印象派系列香水，展現大自然純淨的氣息。造型延用帝王香水的瓶身，並改採瓶蓋與噴頭一體成形的專利設計，瓶身上方的金色網孔象徵蜂窩，表示在此蜜蜂將採集到的花果精華製成蜂蜜。每一款的香水各自擁有專屬的辨識色牌，並以金線將它纏繫在瓶頸上，標示著主要香調。而外盒以鮮明生動的色彩繪製出主要的香料成份，藉以傳達出每一款香水的香味及意境。

近年來嬌蘭在時尚香氛中，表現亮眼的則是L'INSTANT de Guerlain「瞬間」香氛，以獨特的「雙金字塔」方式傳達呈現新的香氛體驗。嬌蘭香水師盧歐爾大膽的選用罕見花材—荷花玉蘭（magnolia grandiflora），做為貫穿三項諧和香調的主軸。晶透琥珀香調家族的細緻優雅，表現溫文的性感誘惑，L'INSTANT de Guerlain也獲得年FIFI香水大賞的2003年度最佳香水獎。

嬌蘭至今仍堅持香水必須直接從天然植物萃取比例高達70%以上，讓香氛味道更真實；其餘的部分則使用科技的化學合成法製作，可讓香味更加持久。

HERMÈS 愛馬仕——
從皮革手藝的風華到多元的品味香氛

　　愛馬仕（HERMÈS）是160年傳統工藝的歷史代表，原本是19世紀初期以做馬具起家，創始人是狄耶里‧愛馬仕（Thierry Hermès）。他於1837年，在巴黎市中心開設首間馬鞍及馬具工作坊，由於當時歐洲騎馬風氣鼎盛，不少法國貴族名流即成為他的忠實顧客，從此也開啟愛馬仕家族成長的歷程。

　　接著在1878年，狄耶里的兒子查爾斯‧愛米爾‧愛馬仕（Charles-Emile Hermès）繼承父業，並繼續將父親對工藝的熱誠發揚光大。不久，位於巴黎名店街法布街Faubourg Saint-Honor 24號的專門店亦於1880年正式落成。這間屹立至今的愛馬仕精品總店，也有近130年歷史了！

　　愛馬仕家族事業在第三代手中有了新突破。因為汽車的問世，使傳統馬車逐漸遭到淘汰，為了配合時代的新需求，愛米爾及長子阿道夫（Adolphe）決定將產品走向多元化，開始生產皮件及皮箱。所有皮件製品，皆承繼家族縫製馬鞍的針步縫法製作完成，精緻嚴密，這項技術至今仍獨步全球。

　　由於愛米爾出色的領導，使愛馬仕在這波時勢的變換中，有如脫胎換骨般的成長，也確立了獨樹一幟的風格。他認為要發展業務，必先要打開國際市場，因此在兩次世界大戰期間，愛馬仕陸續於法國海濱度假區開設專賣店，並在1929年進軍美洲，在紐約設立第一間海外專賣店。

　　到了愛馬仕家族的第四代，則由愛米爾

的女婿羅貝爾‧杜邁（Robert Dumas）執掌。當時隨著工商業社會的演變，巴黎迅速發展成為高度繁榮的大都會，社交活動頻繁，人民生活模式也已開始逐步改變。愛馬仕便積極拓展商品項目，在20年內發表了香水、領帶、西裝、鞋飾、海灘巾、珠寶、瓷器、男女服飾等新商品，開創各類精品的市場。

1978年，尚‧路易士‧杜邁（Jean-Louis Dumas-Hermès）成為愛馬仕集團的主席兼行政總裁，不斷推陳出新，發展新商品如鐘錶、桌飾品等。從不放棄對品質的要求，還開發新的材質，並使愛馬仕專賣店遍及全世界。

到今天，愛馬仕全球擁有兩百多家專賣店，並在精品界具有舉足輕重的地位，但最難能可貴的，便是它依然保留對傳統手藝技術的宣揚和尊重。

愛馬仕博物館：靈感的泉源

在巴黎人流不息的愛馬仕精品店中，原來在頂樓還有著一個收藏著愛馬仕最珍貴的文化藝術寶庫，就是由愛米爾一手創辦的愛馬仕博物館。

時至今日，此館疑已成為愛馬仕設計師們擷取創作靈感的聖地。所有新加入愛馬仕的設計師都必定到此一遊，感受及尋找愛馬仕的歷史根源。舉例來說，愛馬仕的第一款女性香水Calèche，命名的靈感即是取材自古時仕女乘坐的驛馬車，至今在Calèche香水系列的包裝上，依然有著精巧的驛馬車圖案。而19世紀葡萄牙國王用的古董旅行木箱，內置精緻的鍍金銀水壺、洗面盤、鏡子、剃鬍刀、洗面具等用品的男用迷你古董梳妝盒，則成為愛馬仕第一款男性香水Equipage的靈感來源。其他如Amazone香水，則是取自仕女側坐馬鞍的設計靈感。

其他如絲巾的圖案創作，更有不少創意是擷取博物館中的收藏，如古代騎士馬鞍、17世紀的德國馬韁、秘魯式的馬帶馬鐙、皇族的狩獵刀、拿破崙三世的馬韁扣等。愛馬仕絲巾大受歡迎的原因，除了圖案精美、設計新穎外，最主要還是那種如藝術品般的質感，這就是為何那麼多人願意付上千多法郎買一條愛馬仕絲

巾，且珍惜萬分的原因。

絲巾的原料主要來自中國或巴西的優質蠶絲，當設計好絲巾圖案後，即採用絲網方法印刷。方型的印刷網用鋼製成，利用精密的網狀組織與攝影底片的原理相同，確保印刷效果完美無瑕，顏色層次分明。

愛馬仕絲巾的每一種顏色需要一個不同網點的鋼架，因此一條包含25種顏色的絲巾就需要用25個不同的印刷網，儲存上需要極多空間，而製作印刷網的價值亦所費不貲。

而香水當然也不忘絲巾的精神，2004年起，24, Faubourg香水將原本精美的玻璃瓶身重新披上絲巾，那溫暖亮麗的色彩也塑造24, Faubourg香水全新的面貌。

皮具：展現傳統工藝美學

愛馬仕的皮具一向以精湛的手工及品質聞名於世，傲視同儕的訂做服務，尊貴且獨一無二。除了店內買到現成的皮具外，客人還可選擇自己喜歡的樣式，甚至皮料，顯示個人品味與財富地位。

愛馬仕生產皮具的工場內，約有250位工匠，他們全是依傳統的學徒訓練出身。首先必須在工場內的工藝學校學習3年，然後再到工場實習5年，才有資格成為正式工匠師，這段訓練過程漫長且嚴格，難怪每位工匠的手藝和技術都到了爐火純青的地步。除了生產新的手提包外，工匠們也替顧客維修舊的手提包。不少由祖母年代遺留下來的手提包都曾在這些工匠手中經過翻新，而愛馬仕手提包的耐用程度可想而知。

愛馬仕產品日漸多元化，每一件愛馬仕精品都揉合了感性、靈巧、風采與細緻的特質，這種對優雅及華麗的追求，最終引導愛馬仕開創香水事業的新天地。

愛馬仕首瓶淡香水Eau d'Hermès於五○年代誕生，在往後的10年裡，愛馬仕全力以赴，積極發展香水事業。時至今日，愛馬仕已發行14個系列的香水，亦成為進入愛馬仕精品世界的最佳入門品。

愛馬仕香水的誕生年份：

1951　Eau d' Hermès 中性香水

1961　Calèche 女性香水

1970　Equipage 男性香水

1974　Amazone 女性香水

1979　Eau de Cologne Hermès 中性香水
　　　（於1997命名為Eau d'Orange Verte）

1984　Parfum d' Hermès 女性香水

1986　Bel Ami 男性香水

1995　24, Faubourg 女性香水

1998　Rocabar 男性香水

1999　Hiris 女性香水

2002　Rough 女性香水

2003　Un Jardin en Méditerranée（地中海花園香水）中性香水
　　　Rough、24, Faubourg、Caleche Delicate 女性香水

2004　Eau des Merveilles（橘采星光香水） 女性香水

2005　Un Jardin sur le Nil（尼羅河花園香水） 中性香水

2006　Terre D'Hermes（大地香水） 男性香水
　　　Eau des Merveille-Eau de Parfum 女性香水
　　　（巧戀香─橘采星光系列第三代）

2007　Kelly Calèche 女性香水
2008　Un Jardin Apres La Mousson（印度花園）

Jean-Claude Ellena
關於愛馬仕的專屬調香師

　　世界知名調香師Jean-Claude Ellena是在2004年6月7日起正式加入愛馬仕集團，與愛馬仕香水部總裁Véronique Gautier攜手合作，專職負責愛馬仕所有香水的設計與調香。

　　Jean-Claude Ellena出生於法國Grasse城，家族從事香水事業，他自17歲起便開始他的香水事業生涯。他特別推崇有「現代香水之父」之稱的Edmond Roudnitska，即是「Eau d'Hermès」愛馬仕之水的創作者。愛馬仕之水為愛馬仕集團的第一支香水，自1951年上市以來，一直保有整個集團的象徵性。

　　Jean-Claude Ellena表現十分傑出，他於1968年曾任職於世界知名香水集團Givaudan；1976年為Van Cleef & Arpels創造他個人第一支香水。往後在Jean-Claude Ellena的創作歷程中，他敏銳的嗅覺以及天賦異秉的才華，總讓新香水有令人驚喜的感動，所創造過的香水包括Bulgari的Eau Parfumée、Cartier的Déclaration男性古龍水及Frédéric Malle的Cologne Bigarade等，都是經典之作，在香水界中有舉足輕重的地位。

　　愛馬仕與Jean-Claude Ellena的關係開始於2002年，當時他為愛馬仕設計「Un Jardin en Méditerranée」地中海花園香水，廣受好評，也是愛馬仕的首支年度主題香水。兩年後再度增添花園系列的另一香水—「Un Jardin sur le Nil」尼羅河花園，融會了青芒果的香氣，在香水界可說是獨樹一格。

　　Jean-Claude Ellena與愛馬仕經過多次接觸達到共識，確定長期合作追求卓越的共同目標，一起打造愛馬仕香水獨一無二的品牌形象。而Jean-Claude Ellena也表示在愛馬仕的環境中，就像生活在美麗的夢中，能釋放全然的熱情，專注於創作。而一次又一次的作品，總如電光火石般的閃亮獨特，且永遠表彰愛馬仕的經典時尚精神。

Officina Profumo Farmaceutica di
聖殿光環下的歷史香息
Santa Maria Novella

發源於佛羅倫斯聖塔瑪利亞諾維拉（Santa Maria Novella）的大教堂，本著天然而精純的精神，就像古老的草藥舖一般，綿延將近8個世紀，好比文化的傳承般令人心動！

聖塔瑪利亞諾維拉香水製藥廠是世界上最古老的製藥廠之一。源自西元1221 年，由西班牙修會多明尼克（Dominican）教派的神父帶領傳教士、修士，在佛羅倫斯聖托瑪利亞諾維拉大教堂內的庭園，開始種植藥草，並製成香膏、乳霜等醫療保養品，提供給修道院內的小醫療所。

西元1612年，佛羅倫斯托斯卡尼省（Tuscany）的大公爵Fonderia di Sua Altezza Reale 將公爵的頭銜徽章授權給當時該教堂主持人An-giolo Marchissi 神父，以公爵的頭銜為該香水製藥廠的產品商標。同年，聖塔瑪利亞諾維拉香水製藥廠有了正式的文字交易記載。

18世紀時，這些具有藥學知識的傳教士們研發醫療配方及日常生活淨身的保養、保健藥用品。到了1848 年，教堂內一間會客室開放成門市，提供更多的服務。直到1866年，聖塔瑪利亞諾維拉香水製藥廠脫離教派主持而開始民營化。歷經Stefani 家族4代的管理經營，仍然堅持維護該藥廠的傳統製作方法和天然植物配方，並且不從添加任何化學物料或人工色素，也堅持不做任何動物試驗。

　　所有產品的製造仍然嚴格限制在佛羅倫斯托斯卡尼省總部，從植物種植開始，堅持不用任何化學殺蟲劑、除草劑。也因為如此，致使原料和產量來源受到限制，直到今日全球尚未超過25個專賣店。

　　聖塔瑪利亞諾維拉的產品擁有800年歷史，而且總是帶著豐富的歷史典故。1533年時，聖塔瑪利亞諾維拉為了佛羅倫斯大家族Medici 的女兒凱薩琳（Caterina de Medici）公主下嫁法國亨利二世，由該藥廠特別研發聖塔瑪利亞皇后香水，就是其中一項經典。該藥廠也因此而改成香水製藥廠，而凱薩琳公主到了法國後，更帶動往後香水業的流行和發展。

　　聖塔瑪利亞諾維拉香水只用穩定性最高的植物性變性酒精、水和純天然花草香精製造的單一香味，而最特別的是無過期時限，香味也非常持久，另外也包括一些只為天主教國家皇室特調的個人專屬香味香水。到了1850 年，同樣精純的香精也被利用於皂類生產，時至今日仍堅持採用植物性皂基，和延用18、19世紀的機具配合手工印模，經由60天自然陰乾製成。

　　而Angiolo Marchissi 神父的經典創作Pot-Purri天然香氛品，乃採集環繞佛羅倫斯山丘的各種天然花、草、莓、果等，經由濾淨處理過程後，置入托斯卡尼省特製的陶甕內，加入各種不同的純天然精油後密封甕口，經過4個月的自然發酵香釀，表現出聖塔瑪利亞諾維拉店內的經典鎮店之寶—Pot-Purri的香氛，香味非甜美卻有著清澈的穿透力，彷彿是一切山林精華的濃縮。

　　聖塔瑪利亞諾維拉香水並非一般的時尚品牌，但它的經典、嚴謹、獨特，是許多香水行家的收藏首選，也吸引許多影視名人，如麥克道格拉斯、凱薩琳麗塔瓊斯、妮可基嫚等的喜愛。還有許多天主教的皇室，英國女王伊莉莎白二世與前莎拉王妃等，更是聖塔瑪利亞諾維拉香水製藥廠長期服務的VIP。聖塔瑪利亞諾維拉從不花大手筆的廣告預算，也不需代言人宣傳，因香水的本身即是一項歷史傳奇，有著無可取代的地位。

Santa Maria Novella

Officina Profumo Farmaceutica di
聖塔瑪利亞諾維拉香水製藥廠——香水系列
Santa Maria Novella

起源西元1221年至今，聖塔瑪利亞諾維拉製藥廠，Santa Maria Novella's Perfumes是世界上少數3、4家只發展單一香味的古老香水製造廠，或只為天主教國家的皇室調配專屬個性香水。1533年佛羅倫斯Medici家族的女兒凱薩琳要下嫁給法國國王亨利二世時，該廠特別為凱薩琳皇后調製專屬香水，此香水稱「聖塔瑪利亞」香水，又名稱「凱撒琳皇后」水。聖塔瑪利亞諾維拉製藥廠因此改為聖塔瑪利亞諾維拉香水製藥廠。香水生產方法以植物性變性酒精、天然香精和水，特製沒有期限的40多種單一香味的香水。

聖塔瑪利亞香水（又稱凱撒琳皇后水）
COLONIA SANTA MARIA NOVELLA

是經典的古龍水，以極特別的佛手柑橘為基礎與薰衣草精釀，這是為凱撒琳皇后特別研製，後人因此稱為稱「皇后之水」。前段香味帶著檸檬、佛手柑、桔橙與五穀；中段則呈現出成熟的薰衣草、迷迭香與薔薇；而基調香味含有丁香之香甜氣息及溫和之安息香。

皇家薰衣草香水 LAVANDA IMPERIALE
是英國女王伊莉莎白二世偏愛的香水之一，有著悠久的歷史，清新而

具鎮定的香氣。 薰衣草生長在地中海地區陽光充足的地方，經常有些毒蛇喜爬於其上，因此薰衣草被賦有小心、謹慎的象徵。薰衣草最早被用來製造香料基調，乃始於16世紀時代該香水藥廠為凱薩琳皇后特別調製「凱薩琳皇后水」開始。

腎蓋角香水 CALICANTUS
腎蓋角草有森林的氣息，由琥珀、淡香草、北美叢林柑木協調混製而成 。

蜂乳香香水 COLONIA CAPRIFOGILO
清新而香甜的蜂蜜自然味道，給人甜蜜又親和的感受。

鳶尾科香水 COLONIA FRESIA
來自於非洲的鳶尾科，具有持久的香甜女性香水，帶著溫柔內省的特質。

梔子花香水 COLONIA GARDENIA
19世紀源自東方，櫃子花味道清新香甜，非常適合女性使用，象徵「你的唯美迷惑著我」，且帶著熱情的島嶼氣息。

康乃馨香水 COLONIA GAROFANO
康乃馨本身清新與爽朗的香味，象徵忠誠的母性香氣。

石榴花香水 COLONIA MELOGRANO
來自古埃及辛辣而又清雅的石榴花，提煉出細緻的石榴花香味，有著獨特的氣質。

廣霍香香水 COLONIA PATCHOULI
廣霍香含著淡淡的樟腦木和麝香木香味，濃郁中帶有古典的個性。

鳶尾花香水 COLONIA IRIS
甜粉香味，令人神魂顛倒的紫羅蘭科，源於古老的亞洲。最早在托斯卡尼是野生的，漸漸成為佛羅倫斯城的代表花，有時會被誤認為是佛羅倫斯的百合

花。19世紀佛羅倫斯的鳶尾花，在托斯卡尼被稱為Giaggiolo，並廣泛
的被使用於香水，但現今已大幅減少了。在古老的神話，鳶尾花是神的
信差，也是高貴、幸福和美滿的象徵。

山谷裡的百合香水 COLONIA MUGHETTO

長於阿爾卑斯山的野百合花，是所羅門王的碑花蛇解毒劑。象徵著清
純，是天使的信差。

黃金麝香香水 COLONIA MUSCHIO ORO

由麝香木精煉出的甜美神秘味道，對於單身者在派對上非常適用，可
迷惑大眾於無形中。

撲撲莉POT-PURRI香水 COLONIA POT-POURRI

由非常精緻的成份所合成，都是聚集於佛羅倫斯山丘的植物，以整
整4個月的時間，用特別的托斯卡尼陶瓶密封精釀，經過特殊的發酵過
程。其中含有野薔薇、薰衣草、香桃木、薔薇花瓣、杜松、橄欖葉、向
日葵、金雀花等，以及包括純天然香精油：廣霍香、薰衣草、莓類、松
脂、迷迭香、丁香、柑橘檸檬、祕魯香脂與月桂等珍貴香氣。

薔薇花香水 COLONIA ROSA

西元前5世紀源於皇宮貴族珍貴的捲心花瓣薔薇，帶著自信、尊貴與
令人著迷的氣息。

俄羅斯香水 COLONIA RUSSA

由苦橘、佛手柑和麝香木精製提煉的香水。

檀木香水 COLONIA SANDALO

亞洲叢林的檀木，是佛教極樂世界的代表樹。其香味將激起愛慾之
心，有獨特和永恆的香味，令人不禁聯想起東方之神祕氣勢。

晚香玉香水 COLONIA TUBEROSA

甜而持久的夜來香所提煉的香味，令人不禁想到東方宮庭內中美人側臥於軟墊上的迷人景像。源於墨西哥17世紀左右傳到歐洲，象徵艷麗和魅惑。

西西里香水 ACQUA DI SICILIA

來自陽光充足、清新氣爽之西西里島柑橘等提煉而成，有舒爽平衡的氣息。

香草香水 COLONIA VANIGLIA

由軟性而甜美的香草提煉的高貴女用香水，非常適合夜晚使用，有撫慰鎮定的功效。

馬鞭草香水 COLONIA VERBENA

馬鞭草有著怡人香氣，帶著令人懷念的檸檬和菩提樹香味，被認為有喚起被愛的熱情，是一帖愛情配方，在野外派對上更可防蚊蟲叮咬。

紫羅蘭香水 COLONIA VIOLETTA

由紫羅蘭花提煉，具有謹慎謙虛的象徵，據說可以保護晚宴狂歡喝酒的夜歸人。

柑橘香水 COLONIA ZAGARA

甜美而充滿鼓舞的橘樹香味，提煉自陽光充足的西西里地區柑橘，讓人聯想起陽光絢絢的午後舒暢情境。

金雀花香水 COLONIA GINESTRA

金雀花是清新甜美、充滿活力的菊科花香調。

思鄉賽車香水 100ML COLONIA NOSTALGIA

融入義大Mille Miglia賽車比賽的火藥味，調和珍貴與特殊的上等自然材料的古龍水。設計時朝著3個方向研發；前段以輪胎（tire）為發

想─以南美洲森林橡樹提煉出不尋常的廢輪胎香味；中段以機油（ben-zine）為啓思─由植物麝香、廣霍香、柑橘樹等木皮再生提煉的精油；後段則以皮製賽車服、手套與安全帽等皮革（leather）為思考─由芬芳的焦油樺木、草本煙草、琥珀和香草等呈現香味，頓時能使人沈陷於激情賽車，獲取高額獎金榮歸鄉里的遐思馳騁。

夏娃香水 COLONIA EVA

以上帝創造的女性夏娃命名，但卻不分性別皆可使用。以柑橘類如拂手柑和檸檬為基調，茂密的黑色胡椒樹和柑橘樹叢，調配出有著傳統橄欖香混合菸草絲的味道。

原野牧草香水 COLONIA FIENO

帶著十分清新的原野爽朗而開闊的香氣，有如剛收成的新鮮牧草，淡淡的長春花、野薔薇與微弱的檸香混合，呈現木質調的大自然香氣，十分適合開朗性格的男性或主管級的女性。

白色赤素馨香水 COLONIA FRANGIPANE

植物名稱最早是由古老的羅馬家族為其命名，金雀花所喚起的味道，有著白色的純淨與地位象徵，卻帶著澎湃的熱情自內心湧出。

琥珀薰衣草香水 COLONIA LAVANDA AMBRATA

薰衣草與琥珀相遇，變得更清新而芳香，帶著十分知性的氣味，具修養而沈穩的展現。

木蘭花香水 COLONIA MAGNOLIA

像蜂蜜與花朵之間的甜香氣味，木蘭花是一種十分漂亮的植物，有著漂亮的白花，它的歷史可追至史前，大約1760年在義大利出現，是極羅曼蒂克的花朵，象徵羞怯，是屬於嬌媚的女性香水。

岩蘭香根草香水 COLONIA VETIVER

強烈的木質調香味，是適於男性選用的香味，岩蘭香根草種植於印度地區，人們將它根部編織為香草蓆，香味可以傳遍整個地區，帶著些微

神祕的感性和特殊性。

琥珀香水 AMBRA（AMBER）

以蘊含些微苦澀的樺木針葉林琥珀為基礎，有著來自森林遠處充滿溫徇而寧靜氣息的雅緻香味。

古巴香水 ACQUA DI CUBA（WATER OF CUBA）

是一種極為陽剛而獨特的氣味，混合著煙草和淡淡草皮香味的古龍水。

洋刺槐香水 GAGGIA （SWEET ACACIA， MIMOSA）

清甜的洋刺槐乃是溫帶地區沿著河邊生長的黃色花朵，甜美細緻再加上一點點的淡苦味，有如一位充滿氣質的少女，擁有毫無煩憂的淡雅香氣。

伯爵夫人香水 MARESCIALLA（MARSHALL'S WIFE）

以豆蔻為主特別調出的D'Aumont法國女伯爵夫人香水，帶著深沉而持續力強的木質香調，有著強烈而含蓄的窒息香。這個香水是由高貴的法國女伯爵夫人D'Aumont所設計，她總是使用香水於手套上，而且一直醉心於煉丹術，最後卻被指控使用魔法而被燒死於木樁上。

奧玻那多香水 OPOPONAX

源於索馬利亞、波斯、土耳其和其他地中海地區的針葉雨林、松脂與麝香草調配，是相當獨特的陽剛性香水，其香水在經過數小時的沉澱後，香氣尤其特別清澈。

西班牙媚惑香水 PEAU D'ESPAGNE

最具傳統象徵的男用香水，由環形樺木為基礎和些許來自巴西、墨西哥的蘆薈香木調配，這些元素都必需於月圓之夜收集，才可以萃取到精華的香味。其香味有股懷舊的馬鞍皮具香，總是令人激起對西班牙鬥牛士的男性氣慨誘惑之遐思，在經過數小時沉澱後更為醉人。

麝香香水 COLONIA MUSCHIO ORO

由麝香木精煉出的甜美神秘味道，可迷惑大眾於無形中，尤適用於秋冬季。

香水的煉金術

香水的
原料與成分

香料植物和香油品種

- 琥珀（Amber）：於4千萬至6千萬年前成形，是松樹脂在歷經地球岩層的高壓、高熱擠壓作用之後的化石。有的琥珀甚至不必點火燃燒，只需稍加撫拭，即可釋出迷人的松香氣息，具有安神定性的功效。另一種由海裡發現的「灰琥珀」，富含特殊的香氣，也算是一種原始的琥珀精油，源自於龍涎香的提煉，目前「琥珀」已變成天然和人工的統稱原料名詞。

- 黃葵籽油（Ambrette Seed Oil）：本身散發麝香、白蘭地花香的氣息，也是一款定香劑，在現代香水工業有時亦取代麝香。

- 香脂（Balsam）：香脂是能散發出香氣的樹脂。在現代香水工業中，常用的有秘魯香脂、妥盧香脂膠、苦配巴香脂，還有安息香料等。它們的形狀為黃色至蒼棕色稍帶粘稠的液體或結晶體，所散發出來的香味都有點香草香精的味道。

- 安潔利卡（Anjelica）：安潔利卡樹原植在法國、比利時和德國，有麝香和胡椒味道，適用於草本清新香味。

- 鳳仙花（Balsaminaceae）：甜暖的香調，通用在香水的中調。

- 羅勒（Basil）：微辛的草本香料。

- 月桂葉（Bay Leaf）：微苦帶辛的溫暖草本香料。

- 楊梅（Bayberry）：萃取物有著辛味的木質香調。

- 安息香（Benzoin）：產於東南亞一帶的香料，香甜而持久的氣息，有著定香劑的功能。

- 佛手柑（Bergamot）：產於義大利，是從香檸檬的果皮中提煉的橘子味香油，愉快、涼爽、清香帶甜的果香，有振奮新鮮之感，不少香水用它做為前味的釋放。

- 苦橙（Bitter Orange）：這種香油是壓搾果皮得到的，苦柑橘樹也叫畢加萊特橘樹，可以提煉出橙花油、橘花油和果芽油。若是從苦橙樹的花朵以蒸餾方法提取，香

味則會混合辛香和甜蜜的果香，常見於花香調的香水。

· 芸香（Boronia）：多產在澳洲，多用於玫瑰辛香調的香氛中。

· 金雀花（Broom）：甘甜的草香，多產在地中海沿岸。

· 灌木（葉）（Buchu）：萃取物有類似樟腦薄荷嗆味。

· 小豆蔻（Cardamom）：辛辣香調原料，原產於印度。

· 康乃馨（Carnation）：萃取物屬誘人花香。

· 肉桂油（Cassia Oil）：肉桂葉萃取，辛辣而甜，也用在可樂飲料的製造。

· 雪松（Cedarwood）：木質香，有點像檀香的味道，但較乾燥，也是定香劑的一種。

· 洋甘菊（Chamomile）：甜味的草本香，可平衡花香調組合的香水。

· 肉桂（Cinnamon）：肉桂木和葉的萃取，辛甜中帶有暖調的揮發性，運用在不少中性香水或男香中，多數在香氛的中味有所發揮。

· 快樂鼠尾草（Clary Sage）：屬溫文而帶甜的特質，能夠放鬆情緒，是鼠尾草品種之一。

· 丁香（Clove）：原產於斯里蘭卡、印度，以辛辣帶甜的特質見長。

· 胡荽（Coriander）：由種籽萃取的辛香料。

· 香豆素（Coumarin）：人工提煉的東加豆，甜味香氣類似香草味。

· 仙客來（Cyclamen）：櫻草屬植物的萃取精油，原產於地中海國家。

· 尤加利（Eucalyptus）：來自尤加利樹葉的精油，清新的香氛，多產在西班牙、葡萄牙、澳洲等地。

· 雞蛋花（Frangipani）：產地在泰國、寮國、墨西哥與熱帶美洲，花香鮮甜，接近茉莉香味。

· 茴香（Fennel）：也就是俗稱的八角，以甘中微辛的揮

發作用見長。原產於歐洲地中海沿岸，茴香從古希臘時代就被拿來栽種，在古埃及的醫學書裡也有記載，也是歷史悠久的食材香料。

· 乳香（Frankincense）：阿拉伯南部一種小樹分泌的膠狀物。從古代開始就是相當重要的香料，也是傳說中三賢者在耶穌降臨於世所送的禮物，具有平靜舒緩的特質，至今還應用在超過10%的香水中。

· 波斯樹脂（Galbanum）：一種膠狀香料，是從伊朗茴香類植物中提取的。它的氣味是溫暖、凝脂般的微苦辛香，混合綠葉和麝香的味道，又稱白松香。

· 梔子花（Gardenia）：香味濃郁的白花香調。

· 薑（Ginger）：擴散味強的辛香調，帶木質調。

· 忍冬（Honeysuckle）：香氣濃郁的藤蔓花類，不易全然萃取，通常和其他花類混合表現其香氛。

· 風信子（Hyacinth）：香甜花香感，帶有草本特色。

· 茉莉（Jasmine）：香精之王。香氣細緻具穿透力，有清新高貴之感，為經典的美好花香。茉莉品種很多，西班牙茉莉也叫皇家茉莉，是16世紀以來歐洲最常用的品種。今日品質公認最佳的茉莉產於法國與義大利，一英畝（約0.4公頃）土地可產500磅（約0.45公斤）茉莉花，但絕對產量很低（大約0.1%）。茉莉花必須在清晨還有朝露時採摘，被陽光照到，就失去一些香味，因為採收的成本高，茉莉至今仍是最昂貴的香水原料之一。

· 黃水仙（Jonquil）：原產於南歐，水仙的一種，香味濃，因難被蒸餾釋出所以較稀有。

· 勞丹（Labdanum）：勞丹也叫半日花脂，源於中東岩薔薇屬的植物葉子，在香水業中地位重要。強烈的油香，稀釋後與龍涎香類似，香味持久類似皮革，在現代香水中也有一定的價值和使用度。

· 薰衣草（Lavender）：最常見的香料之一，也是早期歐洲人愛用的原料，有著木質的花香。紫色的花朵提供

鮮嫩的草本花香，有安定精神助眠的作用。西班牙、法國、摩洛哥、日本北海道皆有出產成噸的薰衣草，1公頃薰衣草大約可以出產16磅的香精油。

· 檸檬油（Lemon）：檸檬油不僅用在香水裡面，也用在調味品裡面，具有濃郁的檸檬鮮果皮香氣，香氣飄逸但不甚持久。約1000個檸檬可以提煉出1磅檸檬油。油是從果皮壓搾出來的，亦可蒸餾而得。它被用在很多優質的香水裡，多數是為了使香水的前調更具清新舒爽感。

· 紫丁香（Lilic）：其香味多為茉莉、伊蘭伊蘭、橙花和香草所合成，並非來自本身的花朵。

· 山谷百合（鈴蘭）（Lily of the Valley）：早期的百合花香只能把花朵與油調和在一起才能得到，而現在可用萃取得到凝結物。現代人用茉莉、玫瑰、伊蘭伊蘭等，加上化學合成方法獲得雅緻的百合花香味，該化合物被稱為鈴蘭（Muguet）。因具有文雅的百合花香味，而成為幽谷百合的替代品。約有14%的現代香水用到它。

· 木蘭花（Magnolia）：雖然花朵香味甘美可口，但難以萃取，調香師大多也是用茉莉、橙花、玫瑰、伊蘭伊蘭等，加上化學合成方法模擬其香氣。

· 柑橘（Mandarin）：柑橘精油的甘爽清新，尤適用於表現古龍水的清爽。

· 五月玫瑰（May Rose）：也稱rose de mai，原產於摩洛哥，氣味飽滿持久。

· 含羞草（Mimosa）：香氣甜淡柔和。

· 沒藥（Myrrh）：從沒藥樹上收集的膠狀物質，產於阿拉伯、索馬利亞等地，很早以前使用在醫藥和防腐的功效。香味類似鳳仙花，而且香氣頗持久，略帶刺激性。沒藥油為淡棕色或淡綠色液體，在現代的香水中用到它的比例大約是7%。

· 水仙（Narcissus）：香甜而濃，常見於花香調香水，原產於波斯，後經由絲路傳至中國。

- 肉豆蔻（Nutmeg）：原產於南亞，肉豆蔻香料以辛香
  著稱。
- 橙花油（Neroli）：從苦柑橘樹的花朵以蒸餾方式提
  取，Neroli源於16世紀末Nerola公主名字。橙花香味帶
  有一貫的清新舒暢，予人愉悅感，多見於香水的前調。
- 橡樹苔（Oakmoss）：從橡樹、雲杉和其它歐洲和北
  非山區的樹木上採取。長期儲藏會增加香味，香味有泥
  土、木材和麝香的混合氣息，持久性好。約占當今香料
  的三分之一。同類型的還有苔癬，常見於香水後味的表
  現，近期被歐盟以人體健康理由禁用。
- 芳香樹脂（Opopanax）：味似沒藥，是甜味木質調的
  定香劑。
- 橘子油（Orange Oil）：提煉自橘子，水果味的香甜常
  用於古龍水和花果味香水。
- 香鳶尾花油（Orris）：價格昂貴，香氣和緩持久，散發
  著紫羅蘭般的香味。其獨特之處是可以襯托其他香調的
  多元性，原產於義大利，在不少的香水中都有用到。
- 桂花（Osmanthus）：產於中國、日本、東南亞，其中
  的甜味常見於花香調香水。
- 廣口香（Patchouli）：來自東方的葉子香料，是植物
  香料中香味最強烈的一種，原產於印尼、馬來西亞、印
  度。也是植物香料中持久性最好的，是很好的定香劑，
  通常用於東方調香水中。在蒸餾之前，原料要先經過乾
  燥和發酵過程。因為帶樟腦味的香味非常濃烈，所以每
  次用量有嚴格控制。香油中獨特的辛香和松香，會隨時
  間推移而變得更加明顯。它第一次引起歐洲人的注意是
  在19世紀，那時印度商人帶的織品散發出這種香味，並
  很快成為潮流。現在有三分之一的高級香水會用到它。
- 玫瑰（Rose）：香精之后，是寶貴的香料，屬香水業最
  重要的花朵植物。品種眾多，最早的品種是五月玫瑰，
  還有保加利亞的喀山拉克（Kazanlak）地區出產大量

的大馬士革玫瑰；另有一些品種在埃及、摩洛哥和其它地方培育。玫瑰的蜜甜香芬芳四溢，香階豐富，屬花香經典。通常1磅的玫瑰香油或玫瑰香精需要1000磅的玫瑰花，純香精的比例更是少之又少，只有0.03%而已，非常昂貴。不同種類的玫瑰所提煉的味道，也會有所不同。

· 迷迭香（Rosemary）：花和葉都可以提煉，帶木質草本味，也常被用於表現男性香水的前味。

· 花梨木油（Rosewood Oil）：從樹幹中萃取，帶有一點玫瑰的香甜和辛香，也常用於製造古龍水。

· 鼠尾草（Sage）：原產於地中海，屬於洋蘇草屬唇形科，微辛辣的青草香氣，也帶有一點甘甜的堅果香。

· 檀香油（Sandalwood Oil）：檀香油主要從產於印度和印尼的檀木，為黃色略帶粘稠的液體。東方調的香氣，以印度Mysore地區出產的最好，產自澳大利亞的檀香油也常被使用。檀香油是製作香水最值錢和最珍貴的原料，因為檀香需要等30年長成後，才能夠被充分取用。它的香味非常持久，優質香水裡面大約有一半會用它作為基礎的香味，也是常見的定香劑。在東方調、花香調的香水也常可用到。

· 安息香（Styrax）：芳香樹脂，味偏甜，也是一款優質的定香劑。

· 百里香（Thyme）：是地中海沿岸重要的植物之一，清甜草香，常用於古龍水的調配。

· 東加豆（Tonka）：從苦味樹皮和巴拉圭豆中提取，產於南美洲，也叫零陵香豆。用萊姆酒再度處理，所散發的氣味很像剛剛割下來的青草，有股略甜的苦澀。用零陵香豆製成的純香精用在15%的香水產品裡。

· 樹蘚（Tree Moss）：在美國，樹蘚和橡樹苔是同一種東西。而在歐洲的香水業，樹蘚則是指一種雲杉的蘚衣，提煉物的香味很像某種焦油。也有良好的固香作用，用

在部份風格特殊的香水中。

· 晚香玉（Tuberose）：也就是俗稱的夜來香，香味被形容成晚間香花滿園的芬芳氣息，香氣幽雅濃郁。這種花提煉出來的香油在20%的高級香水中會用到。晚香玉純香精的產量很低，每1100公斤的夜來香，只能以脂吸法產出7盎司左右（約28.35克）的香精，價值勝過珠寶，和水仙花、梔子花、風信子是常見的香調黃金組合。

· 香草（Vanilla）：也就是香子蘭油，是從香子蘭花蔓上的果莢裡提煉出來。原產於墨西哥和美洲的熱帶地區，馬達加斯加島也以產香草著名。提取前需經過發酵，氣味甜蜜舒緩。自從被Coty香水使用後，在香水業中越來越普遍，目前大約四分之一的香水都會用到它，東方調、琥珀花香調香水中常見到。

· 香根草油（Vetiver Oil）：是從亞洲、巴西的熱帶草本植物莖蒸餾得來的香油，為棕色至紅棕色粘稠液體，有著泥土的芳香氣息。香氣平和而持久，不僅可做為定香劑，還有甘甜的木香。香根草油出現在近3成的香水中，又名岩蘭草油。

· 紫羅蘭（Violet）：在香水中用到的紫羅蘭有兩個品種，分別為Victoria紫羅蘭和Parma紫羅蘭。紫羅蘭香油是從花瓣和葉子中提取的，但是成本較高，現在大多數的紫羅蘭香味是化學合成的。

· 紫羅蘭葉（Violet Leaf）：是從葉子中萃取的精油成份，本身有清甜的小黃瓜香，帶著胡椒的嗆味，再加上一點鳶尾和紫羅蘭花香的優雅。

· 伊蘭伊蘭（Ylang-ylang）：以菲律賓方言直接音譯，原意是花中花，常見於茉莉、白蘭、晚香玉、鈴蘭、紫羅蘭等花香型香精，在香水香精中它協調了整個香氣。這種從樹葉中提取的香油來自東南亞，開花2周以後，茉莉般的馨香才瀰漫開來，這時便是採集香味的時刻，所以蒸餾的過程往往是在現場進行。近半數的香水使用伊

蘭伊蘭，常見於東方調、花香調香水，給予整體香調溫和甜暖的潤飾。

動物性原料

動物性原料不僅有更濃郁的香味，而且有更持久的留香效果。過去都從動物身上獲得的香料，現在可借助科學技術人工合成，並替代天然原料以節省成本，達到保護生命和環保的訴求。

· 龍涎香（Ambergris）：為抹香鯨吃了墨魚以後的排泄物，一團團的和空氣結合後產生的香味，形狀和大小不一，漂浮在海面和海灘上。經過處理後，能充份與其它香料融合，是極佳的定香劑。龍涎香也是中藥材的一種，價格不斐。現在，龍涎香非常稀有昂貴，市面上難找到龍涎香的原料，因為抹香鯨已是瀕臨絕種的動物。雖然取得不易，但人造龍涎香還是買得到。

· 海貍香（Castoreum）：取自北美和西伯利亞地區海貍生殖器附近的分泌物，是極佳的定香劑，同時也讓香水帶有神秘東方之香。

· 靈貓香（Civet）：產於印度、東南亞等一帶的靈貓，取自生殖器附近香囊所分泌的黏液物質，看起來有點像黃色奶油。

· 麝香（Musk）：原本取自喜馬拉雅山雄性麝香鹿的性腺體，囊體約有胡桃大小，香氣令人喜悅甜蜜而性感，可激發人的性慾，故有香水中的春藥之稱。在動物性香料中，香味最濃烈，針尖大的一點可在相當大的範圍內持續飄香好幾周，若在手帕上滴一滴可以留香幾十年。雖然現今越來越多香水及化妝品都用人工合成麝香為原料，但仍有些香水製造業繼續使用純正天然麝香的傳統配方。

香水的
製造與調配

一首神奇交響樂──香水的調製過程

　　香水的製造，是一種融合藝術、文化和科技的萃煉，更
歷經各方情感的期待與投入，甚至是某種時尚陰謀鼓動下
的產物。然而就像魔法一般，當各種元素混合在一起時，
神奇的香氛情事隨之發生。原料之間互相影響、結合，像
是有的原料本身沒什麼香氣，但它們充當其它原料的催化
劑時，反而神奇的改變原有的一切，形成一段全新的嗅覺
歷程。若僅僅聞到某種特定香水的一種配料，依然無法揣
測它的香氛潛力到底有多少，但它以另一種面貌出現時，
卻又不時展現驚喜。而從各類原料中萃取、搭配、融合、
釋放，香水的製造調配過程，更像是一首神奇交響樂的演
奏，有的是充滿和諧或激情的節奏。

　　調香是「調香術」的簡稱，泛指調配香氛的技術和藝
術。其過程是將選定的香氛按擬定的香型、香氣，運用調
香技術，調製出人們心中的夢幻氛圍。調香師需要具備豐
富的香料知識、香精搭配的理論基礎、靈敏的辨香嗅覺，
以及人文時尚的敏銳度；此外，更應有深刻的藝術修養、
自然科學的專業知識，還要有豐富的想像力和實驗家的毅
力才能勝任。調香師Jean Claude Ellena說：「對調香師
而言，工作地點必須遠離塵囂，遠離名利跟商業化，沉浸
在大自然中，才能發揮調香師的創作本能。」

　　調香師的鼻子是一切，香水業需要極敏銳的嗅覺，所以
調香師的法文稱為「Nez」，意思是鼻子。全世界目前約
有300個專業正式調香師，其中以法國人居多，佔了三分之
一，而出身自法國格拉斯城的調香師則佔其中的一半。格
拉斯調香師大多優秀嫻熟，所調配出的香水，佔全世界總

量的50%之多。

聞香師是法國格拉斯城最崇高的行業。這是一門靠天賦的
行業，也是需要時間培養的行業。很多聞香師有家族的遺傳
和傳承（例如嬌蘭世家和Caron調香師Fraysse的家族），
一般人聞了高濃度香味會過敏，調香師們不僅習以為常，還
能分辨香味細微的不同處。但是要成為真正的聞香師單靠天
賦還是不夠，還要近10年的學院訓練之路，再加上用自己的
創意，調製出一瓶受歡迎的香水，才算達到嚴苛的要求。因
此有潛力的調香師從小就被相中由廠商加以栽培，而好的聞
香師更是奇貨可居，倍受敬重。在以往的格拉斯，香水工業
只掌握在專業聞香師身上，因為他們不僅可以分辨出600種
不同的香味，同時還能用100種香味調製成一瓶足以傾倒眾
生的魅力香水。而過去為了防止商業機密外洩，香水工業幾
乎可以說是一種完全封閉的狀態。

香水的調配

香水的調配需經過的階段分別是：處方試驗、試樣試驗、
大樣調配和加香的實驗。

形成過程先以取樣（small sample）配試，以技術加入
強化香氛的介質，使之香氣增濃。形成階段則先用處方試
驗，再以取樣試驗，接著再以較大容量調配和進行加香實驗
的進行。此實驗的目的是將香氣通過定香劑的作用，分解出
前調、中調、後調的變化，再按工業化的生產標準來確定效
果。目標則是以連貫和諧、具有擴散性為準，同時確定香氣
通過定香劑的作用，香氣方能夠長久維持原本的香型結構及
香氣特色。

好比生活的藝術，調香藝術也充份反應人生。如果你認為
調香的只是將所有美好的香氣綜合搭配，那末免太無挑戰性
了。其實有多款的名香都加了些本質「臭臭」的原料，像是
Chanel No.5的乙醛，根據調香名人 Frederic Malle所言，
正好比紐約的西格蘭姆大樓（Seagram Building）橫在17

世紀的法國花國，是絕對衝突的美感。Dior的Miss Dior同樣加了白松香（galbanum），令這款世紀名香的風格，增添綠意的鮮活甘醇。這種道理好似一個小學班級，如果小朋友全都是模範生，那恐怕連老師都覺得無趣。世間許多的組合或許都要有一、兩個「壞壞的」特異份子，生命才得以豐富有趣吧!

製作過程

　　以目前企業化的量產規格標準下，大多數專業的調香師都是在專業學院中取得香水製作的技能。以設在法國格拉斯的紀梵丹·若瑞香水學校（Givaudan-Roure）為例，那裡設置一系列的專業課程，包括現場的實驗技術和在企業公司內的見習研究，整個學習過程需要約6年得以完成。而一般遊客若到了格拉斯的Fragonard香水工場，可看到花朵如何經曬乾、蒸餾的過程而製成一塊塊香精，再提煉成香水，體驗到香水製造的基本傳統。

　　其實，創造新型香水便是調香師的最大挑戰，除此之外，當一款經典香水的某種原料告罄時，調香師的任務便是確定使用的代用品無誤。可經重新配比，依然保持原款香水的原味，並維持大眾的支持，保有一定的銷售量。調香師也必須讓新的成分和原來的成分混合無間，這樣廠商就不會因物料的減產而感到威脅。

　　還有香水工業始終維持的謹慎態度，就是確認香水的成分必須符合國際通用的環保和人體健康方面的規格認證。有很多原料或是一些化合物，在沒有施行檢測之前，都不能使用。若有疑慮，就有必要用其它的代用品，以免危害消費者的健康。很多調香師不僅就香水的部份有所研究，甚至在香皂、沐浴乳、空氣清新劑方面，也提出香味專業化的建議，這些工作其實也並不輕鬆，而且非常重要。

　　調香師在研製一款新香水之初，就須考慮香水的類型和價格。因為香水工業即全球性市場，推出一款新香水是充

滿挑戰性的商業行為，需要有細密的市場調查和堅實的財
力支持做後盾，方能成功。銷售價格必須確定，廣告和市場
推廣的費用也必須先確定評估，代表香水類型的形象更要得
到品牌業主的認可。最要緊的，便是設計一個合適主題的瓶
子，外加一個貼切響亮的名字，才是成功的開始。

　　調香師是門高尚的好職業，因為同時能為一到兩個大型
的精品企業服務。當然有些品牌對於調香師有合約的束縛，
確保彼此合作關係，像是Chanel、Guerlain、Hermès和
Patou等，都擁有自己的調香師。但也有一些才氣縱橫的調
香師像蓋‧羅伯特（Guy Tobert）則不在此限呢！

　　就像許多的產業一樣，香水業彼此之間也有競爭比稿的動
作，經過品牌廠商的諸多討論，才會選擇一位主要的調香師
來具體負責調製工作。

　　通常調香師的桌子上滿是裝著香精油和化學合成物的瓶
子，調香師要讓自己的鼻子儘快進入狀態。他要花好幾年的
時間來體驗數百種香味，並在其中挑選可以架構新香水的原
料。重覆測試、玩味香味之間的消長互動，怎樣使某一種香
味變得更明顯，或者保證一種原料不要蓋過另一種原料的香
味。當然，調香師不能任性調製自己的所愛，而忽略客戶提
出的要求。這中間的應對進退並不太容易，所以調香師也得
要有高EQ的協調溝通能力才行。

　　香水是不可能快速調製出來的，所以調香師的工作真的
不太輕鬆，因為只要嗅幾次，人的鼻子對特定的味道就遲鈍
了。所以在一種香味或類似的香味之間，可能要經過幾小時
甚至幾天的時間間隔，才能再次精準測試。現今測試香味除
了專業的「鼻子」外，當然也會用到科學的分析法。所以這
樣一來一往的推敲，加上業主的意見，若要推出一款眾人皆
愛的香水，也許需要多年的時間，甚至達7、8年之久。

　　香水的成份搭配足以成為專業調香師的揮灑舞臺，香水
這種混合液體的配比也是混搭遊戲的極致。大多數香水包括
50～100種成分，有的還會更多，200種也很常見。喬治‧

比佛利山（Giorgio Beverly Hills）在80年代那瓶很暢銷的
「紅」（Red）則有近700種成分，香水所散發的是一抹肉
桂口香糖的清甜味道。

　　現代香水最主要的部分是化學合成物，有些可能來自植
物，而更多是取自焦油、凡士林和其它材料。每種成分的用
量必須得到精密的控制，在科技高度發展的現代，運用高級
技術精確控制香水原料的比例，節省人力物資的成本，也是
商業量產的必備條件。

　　製造香水的第一步是要準備很多種類的香精華油，有些品
種可以用較長的時間提煉而來，有的卻要在極短的時間裡完
成。甚至萃取的設備就設在世界各地香油植物的周圍，待作
物成熟到所需程度，蒸餾後立刻被存進大缸。香水師即在現
場得到萃取物，或者業主再向當地的批發商和其它協力購買
原料。

　　下一步，根據那些專業調香師「鼻子」提供的配方，將所
有的成分混合，這需要花幾個星期的時間。再用酒精稀釋那
些混合物，達到預先設計的濃度。最後儲存在一個容器裡，
使香味更加醇厚，然後才是裝瓶。

　　香水業現在是大規模生產的行業，香料不僅用在香水上，
也擴展到包括沐浴乳等家居用品上，還被廣泛運用在食物調
味料，可見香水業也是一門複合式產業。

　　多數大公司在很多國家都有分支機構，他們銷售香水和香
味劑，大多數調香師也因此有更多的就業機會和發展空間。
但是還有一些調香師依舊用傳統的方法製作香水，並且僅在
自己的鋪子裡銷售，他們的產品珍貴有特色，也為少數VIP
調製個人所好的香水。這一類的香水絕大多數運用天然原
料，包裝雅緻，也是一種復古的時尚特色，而且在主流市場
之外，提供愛香者另一種不同的香水體驗。

一瓶成功的香水，不只是要好聞，最重要的是：達到業者的最終目的：要大賣！

香水是時尚產業的一環，但其商業特性和操作又和服裝業大不相同，利潤回收比例也有差異性。根據2006年的全球統計，女性消費者全年花在設計師品牌香氛的金額高達19億美金以上，可見香水的確有其誘人的特性。操作成功的香水，極可能成為該品牌的長壽金雞母，香水品牌團隊不用像服裝業一般，忙著策劃每一季的runway show，香水只要品名包裝設定完成，加上定期定量的廣告企宣，即可能很快看到成績，並且一路長紅。而且香水和品牌服裝比較起來，零售單價較低，若是知名度和市場接受度

香水的
行銷與包裝──魔幻鍊金術

一旦打開，消費者樂於購買，鈔票即滾滾而來。這一切亮麗的成績看來容易，執行起來可沒那麼簡單，要知道平均每一年有將近125款的新品香水問世，要如何在激烈的競爭殺出重圍，其中的學問可大了！

香水除了味道之外，最重要的就是要有一個好名字。由於香水市場是超乎國界的，所以名字除了英法語系的國家，其他的民族和文化多少也要照顧到，因此響亮、容易記、好發音（通常不要超過三個音節）是取名的不二法則。如果一瓶香水的名字能夠讓一個不識英文的女生，像呼喚寵物或男友一般的順口，基本上就成功了一大步。

綜觀香水的名字，有心情感覺上的表達，例如Joy、Plea-

sure、Curious等，最好是名如其香，香如其名，都是一種心情上的美好暗示，同時也開啓體驗香氛的情趣。若是要有點驚世駭俗的效果，Dior的毒藥Poison則是經典之作。此外還有一款Ghost香水，就是「鬼」的意思，當中的香調好壞在其次，單看名字絕對是有語不驚人死不休的效果，也算是一門行銷絕招。

還有情境式的描述也是香水命名的重點，例如YSL的Paris香水、Hermès的「地中海花園」Un Jardin en Méditenanée、「尼羅河花園」UN Jardin sur le Nil等，其香水名字就是要讓人感覺到身歷其境的那股浪漫情懷。像「地中海花園」的香氛就曾和限量畫冊搭配售出，讓那悠閒的氣息同時映在人們的感官和記憶中。

當然，如果香水的名字反映瓶身的設計，則會更加深印象。FLOWERBYKENZO便是一個好例子，除了模擬罌粟花的迷濛香氣引人入勝，且最令人愛不釋手的，便是那潔淨透明玻璃瓶上面的美麗紅花，再再呼應著香水名字中的flower，鮮明的形象，造就了絕對熱賣的長銷品。

另外還有一款名人的香水也很有趣，那就是女星珍妮佛羅培茲（Jennifer Lopez）的JLO Glow系列。其實珍妮佛在剛出道時，對自己豐滿的臀形一直有些自卑，沒想到後來反而成為她的特色之一。所以她的第一瓶個人品牌香水，便依她的豐臀曲線來設計瓶身，這樣的訴求，也算是另外一種「香如其名」和「香如其瓶」的成功印證。

若是有名人背書，成立自己的香水品牌，那絕對是加乘的廣告效益，像是名模辛帝克勞馥（Cindy Crawford）、娜歐米坎貝爾（Naomi Cambell）、名媛派瑞斯（Paris Hilton）等，都是把自己的名字當成香水市場的試金石，讓人有更深刻的印象。知名設計師品牌Prada和Vera Wang的第一款香水也是採取同樣的做法，推出後即刻打動引頸期盼的時尚迷們，更讓香水一上市即有很不錯的成績。Vera Wang 的第一款同名女香問世時，創下Saks Fifth Avenue精品百貨公司的銷售記錄，而且一半的購買者還是男性呢！

當然一瓶香水的誕生，不一定是從名字開始，市場的定位和區隔才是最緊要的重點，愛用者所屬的年齡層、學歷、職業、愛好、生活品味、甚至愛情觀，都必須要通盤的考量。而更成功的行銷，便是率先嗅到社會風氣的某種轉變，藉著在香水的行銷企劃上做先驅主導。最成功的例子，莫過於 Calvin Klein的CK One。CK One於1995年問世，那是一款男女共用香水（unisex perfume），不論在香調的訴求和視覺廣告上，在當時引起極大的迴響。只是明眼人都看得出來，這一款香水多少呼應了90年代的性解放，尤其是男女同性戀的權益終得以伸張。回顧當時CK One廣告中的男男女女穿著中性，身材削瘦，引起部分衛道人士的抗議，還說那些模特兒活像海洛英的吸毒者。

但倩碧Clinique在1997年倒是反其道而行，推出Clinique Happy香水，用鄰家女孩的形象擄獲眾多少女的心，而且據統計消費群和Ck One有重疊的相似性。足見能掌握到社會脈動，觸動消費者的潛在心情，商品要勝出並非難事。

其實我們看到的多款名人或名設計師的香水，不少是採取授權方式，和集團做長期配合。目前來說，大約有5到6家公司為領軍主導，包含雅詩蘭黛集團、歐萊雅（L'oreal）集團、PUIG集團，還有便是Coty寇蒂集團。Coty寇蒂集團開發了包括40名設計師、名人及生活用品的產品組合，每年有29億美元的淨銷售額，其中

品牌包括我們熟悉的Calvin Klein、Vera Wang、Marc Jacobs、Jennifer Lopez、莎拉潔西卡帕克（Sarah Jessica Parker）、席琳迪翁（Celine Dion）、凱莉米洛（Kylie Minogue）、愛迪達（adidas）、大衛杜夫（Davidoff）、瑞美爾（Rimmel）和Nautica。還有女歌手關史蒂芬尼（Gwen Stefani）也和寇蒂集團簽署全球授權協議，以便為她的L.A.M.B 品牌開發和銷售香水。每一位名人和設計師的運作條件不盡相同，但是大集團背後擁有的雄厚財力，加上品牌和名流的知名度，自然會在香水市場上成為強勢主導的商品。

當然許多設計師也在每一款香水的誕生過程，提供主要的想法和參與，像Michael Kors的香水創作大多來自於童年記憶。那是他幼童時的一位時髦阿姨，身上總是環繞著晚香玉的香甜，那一股誘人的味道激發日後Michael Kors香水的香調組合。Donatella Versace則因為從小成長的地方有著茉莉花香，因此這股花香也成為她香水的主要題材。有時候設計師也會灌輸抽象的概念在香水上，像設計大師Giorgio Armani就請調香師Thierry Wasser調出一種味道像鑽石的香水（也就是Emporio Armani Diamonds）。調香師當然知道鑽石是沒有味道的，於是便用意念上的聯結想像，用玫瑰來代表鑽石，因為兩者皆是女性高貴的表徵。

設計師品牌的香水更在瓶身的設計上爭

奇鬥艷，除了凸顯品牌的特色之外，更要充分傳達自己的設計理
念，更進一步和原本的服裝配件做視覺、甚至觸覺上的連結。例
如Prada的Infusion d'Iris，瓶身上有著和Prada包包一模一樣的
鑲銀logo；Burberry的London則直接以Burberry的格子紋布，
包在玻璃瓶外圍，形成最直接的英倫風格；另一方面，若是香水
瓶身已經成為品牌經典，那反而還會成為新進設計師的靈感來源
呢！像是Nina Ricci的新設計師 Olivier Theyskens，就以經典香
水 L'Air du Temps「比翼雙飛」的瓶身為發想，成為他2007年
秋季服裝的設計款。

　　一款優勢的香水除了香氣、瓶身造型、名字的協調搭配性之

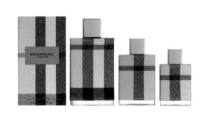

外，視覺廣告也是一大挑戰。利用視覺美學挑起人們嗅覺的慾
望，許多香水廣告也因此成就不少動人的經典攝影作品。當然也
有一些香水因為香調或行銷手法未必在世界各處皆受到歡迎，但
是如果能夠牢牢抓住重點消費群，也就算成功了。

　　行銷香水也要順應時代的潮流，像小甜甜布蘭妮（Britney
Spears）的第一款香水curious，便在不少國家致力於網路行銷
和贈送針管香水試用品。因為當時業者看準小甜甜布蘭妮的消
費族群多屬於學生和網路族，認為利用網路的病毒式行銷，應該
會比投下巨額的電視廣告預算宣傳來得更有爆發力。而ck IN2U
連香水的名字都取得很網路，同時也是第一款直接在3D網站

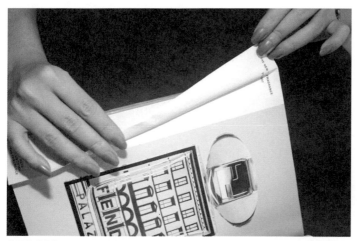

此頁為美國版Vouge雜誌的 Fendi Palazzo香水的廣告頁試聞紙

（secondlife.com）上銷售的香水。除了這些企劃概念和宣傳手法之外，另一類行銷手法就是試香紙。在美國不少時尚雜誌的香水廣告頁面，內附直接試聞香水的夾頁紙，一撕開即可聞到香水，也可用手指或手腕輕輕摩擦在皮膚上試香。

好茶回甘依舊芬芳，同樣的，如何賦予經典香水新的面貌，也是一大熱門話題，Chanel No.5重金禮聘奧斯卡影后妮可基嫚（Nicole Kidman）擔任代言，透過大導演巴茲魯曼（Baz Luhrmann）的詮釋，讓這款香氛有了嶄新的生命。Estee Lauder早年的首款香水 Youth Dew青春之露，近來靠著名設計師 Tom Ford的加持，再搭配彩妝造型，創造Youth Dew Amber Nude的新樣貌。這些都造成時尚界的熱門話題，但也絕對再度提昇這些香水的名氣及銷售量。

總而言之，在香水的國度裡，懷舊和創新皆是一段美麗的歷險，在時尚工業運作的背後，更是充滿著無比精密的算計，各家品牌的銷售和競爭，總在香水瓶之外，展露其力道與鋒芒。相信全球的香水愛好者，皆樂見這些絢麗繽紛的展現，畢竟那是在豐富嗅覺的饗宴之外，另一項別有情趣的回饋吧！

香水的
使用藝術

香水
代表
你的心

　　先來玩一項香水心理測驗，來看看你適合什麼類型的香水吧。

　　計算方式：累計每一題你挑出的選項所代表的系列基數為準，如：（1）、（2）、（3）、（4）、（5）、（6），看哪一個基數累積較多，就是建議你使用的香水類別，次多的香水類別也不妨納入考慮。除此之外，你也可以不定時重做這項測驗，因為氣候、心情和體質的改變，會讓測出來的結果不一定每次都一樣喲！

1. 如果你現在正準備開一間主題式餐廳，所呈現的風格將是
　　a. 明亮的地中海氣息……………（1）
　　b. 神秘的波斯印度風……………（4）（5）（6）
　　c. 玩樂式的音樂餐廳……………（2）（3）
　　d. 極簡素淨的設計………………（1）（5）

2. 假設你因為某個原因要和久違的初戀情人碰面，你所穿著的將是
　　a. 最昂貴的衣飾…………………（4）
　　b. 美艷性感的搭配………………（6）
　　c. 年輕的可愛風…………………（1）（2）
　　d. 無所謂，以當時的心情和天氣而定………（5）

3. 你認為人生最大的快樂是
　　a. 事業與財富的增長…………（4）

b. 吃的好、穿的美、玩的盡興……（2）（6）

c. 親人與朋友的愛與支持………（1）（3）

d. 開創新的事物，和大家分享…（5）

4. 你準備加入一個美食旅遊團，你最希望導遊帶你去品嘗
   當地的

   a. 傳統小吃………（3）

   b. 流行新口味……（2）（5）

   c. 珍貴高級的料理……（4）（6）

   d. 富有特色的飲料和甜點…（1）

5. 讓你印象深刻的美好氣味是

   a. 辛辣的異國料理……（5）（6）

   b. 麵包出爐的香味……（2）（3）

   c. 清晨草原與花木的氣息……（1）

   d. 媽媽煮菜的香味……（4）

6. 和朋友小聚時，你比較常點的飲料是

   a. 新鮮果汁……（2）

   b. 咖啡或紅茶……（3）（4）

   c. 花茶………（1）（5）

   d. 含酒精的飲料…（6）

7. 你認為週末白天最好的放鬆方式是

   a. 到郊外山區走一圈………（1）

b. 在游泳池或健身房耗一個下午……（2）（6）

c. 找一間安靜的咖啡廳，讀完一本不錯的書……
（3）（5）

d. 觀看球賽或其他競賽……（3）（4）

8. 請憑直覺在下列中挑出你比較欣賞的女歌手

a. 凱莉米諾……（6）

b. 諾拉瓊斯……（3）（5）

c. 艾薇兒……（1）

d. 濱崎步……（2）（4）

9. 下列哪一種質料最讓你心動

a. 軟而滑的絲……（4）（6）

b. 帥氣的皮革……（5）

c. 舒服的棉或麻……（1）（3）

d. 高科技的特殊材質……（2）（6）

10. 你對正式晚宴或燭光晚餐的接納度是

a. 大約一星期一次……（2）（4）

b. 一個月一兩次就差不多了……（3）（5）

c. 太麻煩，半年一次了不起……（1）

d. 多多益善，一星期三次也不嫌多……（6）

11. 和別人比較起來，自己平時的穿著比周圍的人

a. 多而且溫暖…（4）（6）

b. 少又涼快……（1）（2）

12. 你覺得自己目前的生活好比一幅

a. 彩繪的國畫…（4）

b. 日本浮世繪……（1）

c. 電腦3D 動畫……（6）

d. 現代普普風藝術作品……（5）

e. 彩色油畫……（2）

f. 水彩畫……（3）

適合的香水類別：

（1）　優雅清香系列

（2）　甜美果香系列

（3）　溫柔花香系列

（4）　嫵媚花香系列

（5）　獨特個性香系列

（6）　時尚魅惑香系列

香水的
十大挑選
秘訣

1. 市面上的香水來源眾多，由於不清楚製造成份，怕誤用到不良的香水，最好購買知名品牌的香水，以免發生氣味不適，或是皮膚過敏等不良現象。此外在通路的部分，也應該慎重選擇。一般來說，在百貨專櫃和機場免稅店是由直屬進口總代理商背書，購買時最有保障；而大型連鎖美妝店或有保障的網路購物城也是可以考慮。最好不要為了貪便宜，在來路不明或沒有保証的網路管道、地攤、小店等購買，以免買到過期商品或彷冒品。

2. 最佳選購香水的時間，是在下午過後，因為根據報告指出，人類的嗅覺在午後最為靈敏。但如果先前攝食口味過重或揮發性過強（如大蒜、韭菜等）的食物，多少也會影響嗅覺的靈敏度，可以喝一點茶沖淡口腔的氣味。最好也不要嚼食口香糖和喉糖，因為其中的薄荷香料也可能會干擾你的嗅覺。而挑選香水時，千萬不要直接將瓶口對準鼻子，可先聞聞瓶蓋或用試香紙片感受一下。在聞過3種香水之後，最好向服務人員索取裝有咖啡豆的小罐子聞一下，因為咖啡豆可以清新嗅覺，免得聞香時嗅覺疲乏，無法挑選到真正適合的香味。

3. 不同時機使用的香水調性皆有所不同，一般在日間大都使用香味較清新柔和的香水，夜間則使用較為濃郁及具異國風味的香水。春、夏、秋、冬四季也都有各自適合的味道，例如在亞熱帶國家的夏天，大部分人都偏向選擇清淡的味道。

4. 如果是剛開始使用香水，可以先試試味道較為清淡的

中性香水，或是從親朋好友的香水味中，得到些提示和靈感，做為選擇適當香水的參考。

5. 在決定購買香水時，可以先索取試聞紙，聞聞不同階段所散發的味道再決定（通常需要15~20分鐘以上）。如果覺得這個味道適合自己，可以再回到店家或櫃上將香水噴在手腕內側，看看融和自己的皮膚和體味之後，是否依然散發出自己喜愛的香調。試用過後，不必急著購買，可以先到處走走，看看香味隨著時間的轉變後，是否依然喜歡再做決定。

6. 雖然香水的行銷廣告手法都非常有吸引力，但是香氛純屬個人喜好，不必人云亦云，忠於自己的感覺，才會選到適合自己的香水。

7. 面對不同的香水而難以決定時，不妨問一問服務人員，每一款香水的愛好者和購買者大概是屬於哪一種類型（如OL、雅痞等），或是有哪一些名人是其中的愛用者；身分的認同和歸屬感，也是幫助你選擇香水的條件之一。

8. 選到中意的香水後，打包拿香水瓶前，也要注意保存期限、顏色、香味等事項，有時候同一款香水因為不同的生產年份，也會有稍微不同的味道和包裝。

9. 網路討論也是一項選購香水的新興指標，網友發表的個人使用經驗也是不錯的參考值。

10. 雖說大瓶裝的香水在容量價格上較划算，但選購新香水時，不妨先買小瓶裝試用，如果合意再決定是否購買大瓶裝的香水。

香水的
使用訣竅

使用香水的最佳時機：於身體清潔過後。

　　香味如果混合著體味、汗臭，那就不容易突顯出它的芳
香。當然現在市面上各種沐浴乳都充滿著香味，最好配合
香水使用無香料成份的沐浴乳，讓香水的魅力更加展現！

　　如果要堅持某一種香氛，就盡可能從沐浴乳（膠）或香
皂，到香精、香水、甚至香粉都可貫徹一致，香味才能達
到最最持久！

　　若是擔心香味過濃，則可重點式以沐浴乳（膠）或香皂
代替香精、香水。

　　在泡澡時可噴灑一點喜愛的香水在浴池內，皮膚因為溫
度的升高也會散發出香味；若是香水本身含有精油成份，
同樣也有些芳療效果。

使用香水的最佳時間：出門前20分鐘。

　　擦完香水20—30分鐘之後，所散發出來的香味是最好
聞的。所以出門前或重要約會前的20—30分鐘，先擦拭
香水，則會讓香水的魅力達到最高境界。

使用香水的最佳方式：

　　方法1：將香水先噴在空中，再把身體置在水氣之中，
　　　　　　從這香水雨穿過，便均勻沾染香氣。

方法2：為了怕造成浪費，也可以少量直接噴在身上，正確的方法是距離20-30公分外。但注意不要過度沾染在衣服的某點，一來容易造成身體某處氣味久久不散的現象，也容易在衣服形成痕跡斑點。而噴灑過多在皮膚上也要小心，因日曬造成的過敏，有時一不小心會造成汗斑或搔癢。

方法3：將香水噴在一隻手腕內，再沾到另一隻手腕，稍稍磨擦後，再把兩隻手一起在耳後頸後輕拍，脈搏的跳動會幫助香氛散發。注意不要過度摩擦，有些香味會因此變質喲！若是使用沾式香水，應使用它的瓶蓋來沾取香水擦拭，之後再將瓶蓋擦乾淨蓋回香水瓶。

使用香水的最佳份量：

香水的濃度越低，擦的範圍越廣，這是使用香水的不變秘訣。正確的擦法是古龍水以面，香水以線，香精以點的方式沾抹 。

所謂每次使用的份量，就是利用指尖擦上香水1到2滴，觸摸在身上適合的部位。若是把香水集中塗抹在同一

個地方，香氣就難以散發出來，也比較容易揮發掉。塗抹
後只要讓肌膚微濕即可，如果擦得過量，就用棉花或卸妝
棉沾點酒精輕輕擦掉。

　　如何得知自己的香水太濃？要是在噴灑後的10分鐘還
能很明顯聞到自己的香味，就可要注意旁人的感覺，香水
噴太濃，也是失禮的表現。

塗抹香水的最佳部位：

　　將香水噴灑於或是輕拍在脈搏處，例如手腕、臂彎、頸
項、耳後、後頸部、腿部內側、腳踝等，平均將身體各處
沾上香味。尤其是將香水擦在手腕及腿部內側，走動、做
事時會將香氣往外擴散。

　　而香水擦在下半身有時比上半身還理想，因為香味離
鼻子、喉嚨較遠（喉嚨周圍的皮膚比較敏感），比較不會
受到刺激。香水要接觸溫度才能夠能散發出香味，所以抹
在耳垂、鎖骨等這種溫度低的部位上，香味就會較難散發
出來；相反的，如果希望香味較淡，就可以塗抹在這些部
位。

　　男性可以將香水噴在胸部，或是在刮鬍後以香氛鬍後水
（after shave）輕輕拍打於臉上。

特殊擦拭香水的部位：

* 頭髮：在髮尾抹上些微香水，只要輕輕擺動秀髮，就洋溢著迷人香氣（但不宜過度使用，以免香水中的酒精會傷害髮質）。但若是碰到聚餐或在艷陽下活動時，則最好不要擦在頭髮上，以免香味太強烈直接，會造成反效果。頭髮上的造型用品如果有太濃的香味，也不太適宜再用香水，因為混在一起的味道不一定好聞。

* 腰部：參加舞會、聚會時，將香水擦在腰部以下的部位，使香味隨著肢體的擺動而搖曳生姿，效果會比擦在露出來的肌膚更吸引人。

* 指尖：指尖很容易沾上各種味道，如果有抽煙的習慣，可以在指尖沾上微量香水，來掩蓋過濃的煙味。但請注意香水的份量，以免將香水隨著手指到處沾染。

* 膝蓋內側：膝蓋內側抹上香水後，當站起來時，香味就會由下往上散發出來。要再補擦香水時，可以直接擦在絲襪上。

* 胸口：將少許的香水沾在棉花上，藏在內衣中，尤其在左胸靠近心臟位置，也有一定的效果。

* 腳踝：在腳踝上方內側擦上香水，走路時就會散發出淡淡的幽香。

* 裙擺：只要擺動裙子，香味都會輕柔的擴散，讓人留下美好的印象。

不宜使用香水的時機或場合：

＊請勿將香水噴灑於珍珠飾品、毛衣及皮件上。

＊不宜將香水噴灑於白色及淺色衣物上面，以免留下污
漬。

＊不宜將香水噴灑於皮鞋上，容易引起皮革的變化。

＊腋下及汗腺發達的部位，請勿使用香水，應改用體香
劑、止汗棒。

＊夏日氣溫較高，尤其台灣夏季潮濕悶熱，香水的用量和
濃度應減少，但使用次數可略增加。

＊碰到重要的場合或是自己重視的約會，不宜使用自己之
前未嘗試過的香水，萬一中、後段調的轉變是自己不習
慣的香味，反而會影響自己當天的心情和表現。

＊某些領域的服務人員並不適宜用香水（如空服員、五星
級飯店的餐飲服務生等），可於面試或上班前確認其規
定。

＊照顧1歲以下孩童則應注意自己香水使用的濃度，以免
在肌膚接觸上造成寶寶的皮膚過敏。

＊初次約會時不宜在伴侶面前補噴香水，尤其在車內更顯
失禮，必要時可以用固體香膏補香，較優雅含蓄。

適宜使用香水的時機或場合：

＊若是有使用手帕的習慣，香水噴灑於上再放在口袋裡，
也會感受到同樣的香氛氣息。

＊白天使用濃度較淡的淡香水，到了夜晚若有約會或宴
客，再補充同款香氛乳液（霜）或濃度較高的香精、香
膏。

＊一般的香水使用習慣是白天用清新柑橘調香水；夜晚參
加party或晚宴，可選明顯的花香或花果調凸顯魅力。

＊根據實驗報告顯示，含有葡萄柚香調的香水，會讓周圍
的人覺得自己更年輕。

＊睡前可以「穿」上你最喜愛的香氛品（以舒緩性的香調
為宜），或是噴灑少許在床單、枕頭上，可幫助睡眠並
安定情緒。

＊使用固體香膏時宜保持手部清潔，並用指腹輕抹香膏表
面後再擦在脈搏處，效果較明顯。不用時切記保持盒子
緊閉，以免成份產生質變。

＊E-mail之外的信件卡片可噴點香水，讓人更記住你。

＊如果覺得目前心情運勢停滯不前，不妨改用不同香調之
香氛，有時會有意想不到的驚喜效果。

香水的
保存方法

放置香水的最佳場所：

因為香水會受到熱度和光線的影響，而改變它的色調及香味造成變質，所以最好放在陰涼乾燥的地方；以溫度低於攝氏18度為宜，像是房間不會直射到陽光的地方，或是化妝台的抽屜裡或小櫃子中。

香水也不要放置在濕氣過重的地方，比方說浴室容易使水氣滲入香水中，使香水變質。但如果只是要讓浴室有香味，則不在限制內。

收存香水應注意的步驟：

1. 使用香水的過程中，儘量不要用手指直接碰觸瓶口，因為皮膚的溫度和細菌容易破壞香水的香味。

2. 避免過度搖晃香水。

3. 用完香水後，一定要緊閉香水瓶蓋，以免香水的香氣揮發殆盡。

4. 香水的包裝外盒儘量留住不要丟棄，使用完後迅速將香水放回盒內，收藏到陰暗處。如果外盒已經丟棄，則請儘量放在陽光不會直射的地方。

5. 長時間不用的香水，如果包裝外盒已經丟棄，則可以利用保鮮膜包好，放到冰箱的冷藏櫃內。

6. 不同香水千萬不要密集的混在一起保存，因為每種香水均有其獨特的配方組合，如果將多款不同的香水一起放置，很容易產生奇怪的氣味或發生其他的化學變化。所以將每一瓶香水置於原包裝盒有隔離的作用。

7. 許多時尚貴婦也會把香水放在精緻的香水鏡盤（Perfume Vanity Tray），讓美麗的瓶身和鏡子相輝映，也有美化空間的作用哦！

香水的
使用期限

　　香水到底可以保存多久呢？持續保存原味的最佳期限是
1年，但不是代表開封1年後的香水就會變質，同時也要看
包裝的方式和容量大小。如果是10毫升以下的小香水（尤
其是沾用式的），開封之後可能3個月以上就會變色、變
質。若是30毫升以上的噴灑式香水，開封之後若保持良好
的存放方法，那香水的壽命則可以延伸3到5年。

　　經常使用的香水較不宜置入冰箱內，免得拿進拿出，因
內外溫差過於頻繁，影響原本的香調。如果真的要把香水
放在冰箱內，最好放在原有的紙盒包裝，或在香水蓋外包
覆一層保鮮膜，以免隔壁的奶油和其他食物可能會吸收到
香水的香味。

　　開瓶後的香水放在室內，多少會有蒸發的狀況，即使不
使用，感覺上容量也會減少，這是正常的情形。但是如果
發現顏色比剛使用時的深，甚至有沉澱物產生，這時候香
味可能會變酸、變臭，就代表香水已經變質，不宜再使用
了，以免危害健康。香水僅剩下少量時，應儘量在2到3個
月內使用完。

名人・香水・時尚
的三角關係

「香水是件隱形的終極流行配件，它呼應了一個女人的到來，且延伸了她的逗留。」

"Perfume is the unseen but unforgettable and ultimate fashion accessory. It heralds a woman's arrival and prolongs her departure."

——Gabrielle Coco Chanel

從20世紀初開始，香水的製造技術突飛猛進，經濟結構與社會文化的改變，大家對於香水的使用和要求更多樣化。綜合型的花香調陸續問世，並且有更多的辛香和東方香料的採用。而在1920年到1930年期間，也開始運用人造合成技術製造香水，這些成份甚至比天然的香料還要昂貴。在當時最有名的香水就是Jean Patou的JOY，精純提煉的茉莉香味，是成本最昂貴的香水，每生產30毫升，至少需要1萬零6百朵茉莉和28打玫瑰。也因為如此尊貴，奧斯卡金像獎的頒獎典禮，也曾選擇JOY香水為贈品給與會的來賓。JOY至今都是名流貴婦的至愛，一盎司香精的價格目前高過200元美金。也在這段時期，Coco Chanel等服裝設計師也開始有了自己的香水品牌，最初的創始動機到現在為止都貫徹一致，那就是不一定每個女人都付的起一件設計師的服裝，但是卻能輕易擁有這個品牌的香水，也算是一種品牌精神的親切擁抱。

香水的時尚關係

Coco Chanel也曾說過一句名言：

「香水是噴灑在你想要被親吻的地方。」

"Perfume should be sprayed wherever you expected to be kissed."

Coco Chanel女士特別鍾愛白色的花，而No.5就是珍貴的格拉斯茉莉花的優美展現，也是第一支乙醛花香調的香水；而透過乙醛的加入，使整瓶香水有了更轉折豐盈的

層次。Chanel No.5更因為性感偶像瑪麗蓮夢露的一句：「我睡覺時除了No.5什麼都不穿。」 "I sleep with nothing on except Chanel No.5." 成為跨世紀的精典香水。

1940年到1950年，歷經了戰爭的洗禮，溫柔的女性花香再次受到青睞，而當時Christian Dior所設計的細腰長裙「New Look」，再配上柔美的香水（例如1956年出品的Diorissimo），真可說是當時最優雅時尚的搭配。1953年美國Estee Lauder雅詩蘭黛的Youth Dew，以沐浴組的搭配問市，訴求讓香水生活化的用途，不論是在行銷策略或是香調本身的組合，都是後來許多廠牌模仿的目標。而到了60和70年代，女性主義、反戰運動、同性戀議題、嬉皮風影響當時的年輕人，而在香水市場的走向也偏好一些獨特的香料，綠香調和麝香調在當時就相當受到大家的歡迎，當時較活躍的設計師香水品牌有Guy Laroche、Rochas等。而THE BODY SHOP的「白麝香」香氛系列，則是在1980年代誕生，至今超過25年，現在仍廣受世人喜愛，平均每分鐘賣出2.5瓶的白麝香香水，也是第一款以草本麝香取代動物麝香的麝香香水

80年代的豪華時尚風也把香水的潮流領導到另一層面，當時流行的墊肩、半屏山的高聳髮型、濃艷的化妝，讓大家對香水的口味變得更重了，當時最有名的三大品牌Poison（CD）、Obsession（Calvin Klein）、Opium（YSL）香水，皆含有濃濃的東方調。Red Door紅門香水則是美國化妝品牌Arden雅頓的第一瓶香水，其精神便是就來自雅頓夫人在紐約第五大道上開創的紅門沙龍，香氣濃郁華麗，引起話題。而時尚界其他的設計師，如Gucci、Bob Mackie、Fendi、Moschino等也躍躍欲試，相繼推出品牌香水。或許是為了結合服飾的設計理念，要不然就是想要更吸引大家的注意，當時的香水廣告開始大膽地運用模特兒性感的身體做為表現，引導消費者自然而然地把香水和性愛聯想在一起。雖然也有保守衛道之士對

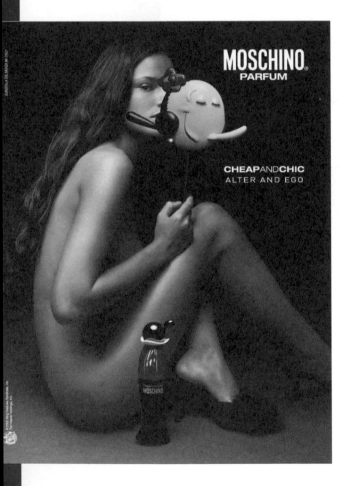

MOSCHINO.
PARFUM

CHEAPANDCHIC
ALTER AND EGO

這些無所不在的火辣看板大加撻伐，無論如何，煽情的表現也成就另一項成功的行銷策略。

　　到了90年代，香水的潮流演變成自然清爽，香水的名字也變得更為實際，像是Reality、Escape、Truth、Pleasure、Envy等可見一斑，彷彿讓人看到了名稱，就能揣摩到香水所傳達的情境。Paco Rabanne推出的Paco，氣味清新脫俗、 雅淡怡人，包裝設計有未來感，迎合90年代追求簡約風格的消費群。Bvlgari Parfume和Arden都推出綠茶香水，靈感來自茶藝及茶的文化，融合東方的禪意，表現出生活上典雅的情趣。Dior的 Dune也以沈靜的自然風格展現心靈的優雅。此外，中性的香水更成為年輕時尚的主流，CK One就是其中的鮮明代表。另外像DKNY、D&G、Escada等品牌也向香水市場挺進，設計師品牌的香水幾乎已成主流。

　　值得一提的是，80年代末到90年代開始，好萊塢明星伊莉莎白泰勒推出了自己的香水品牌，之後歐美各界的名流相繼效尤，包含了許多影視紅星、名模、運動明星等，利用自己的人氣和知名度，在香水事業上的拓展，揮灑

出亮麗的成績，也讓時尚名流全有了更多的新鮮話題。

　　90年代還有另外一個現象，那就是連鎖服裝店的品牌也開始有了自己的香水系列，像是GAP、Tommy Hilfiger、Banana Republic，以及內衣品牌Victoria's Secret也名列其中。不過有趣的是，雖然他們的服裝比設計師品牌的衣服便宜許多，但是基於製造和研發的成本，香水的價格卻沒有相對降低，也依然受到許多消費者的青睞，同時對於本身的品牌地位提升，也有絕對正面的幫助。

　　千禧年開始，許多新銳設計師在服裝界嶄露頭角後，也迫不及待的在香水市場摩拳擦掌，其中包含Anna Sui、Alexander McQueen、Lolita Lempicka、Helmut Lang、Stella McCartney等。不僅在香水的風格包裝上，繼承前輩們如Vivienne Westwood、Sonia Rykiel的原創理想，也讓香水的愛好者體驗到不少大膽具實驗性的香調，使世人透過香水，進而更加認識到他（她）們的服裝設計精神。

　　香水的發想領域果真無設限，全球擁有2千萬觀眾的熱門影集Desperate Housewives（慾望師奶），也在Coty集團的規劃下，於2006年底推出香水Forbidden Fruit「禁果」，在DVD包裝上附上小試用品，香水搭著影劇流行順風車，也算一大創舉。

香水產業也有屬於自己的「奧斯卡獎」，是時尚界的年度大事，那就是香水基金會（The Fragrance Foundation）在美國紐約及德國法蘭克福舉辦的FiFi Awards，獎項包含年度男香及女香、創意包裝、廣告行銷等，J'adore、COCO Mademoiselle、FLOWERBYKENZO、KENZOAMOUR、倩碧Clinique Happy等，都是其中獲獎的佼佼者。

此外還有許多有趣的相關商品，廠商和設計師也陸續開發出來，除了傳統的沐浴乳、身體乳液、香粉之外，還包括美髮造型產品（如Chanel系列、Marc Jacobs），連頭髮的香味都顧到了。Crabtree & Evelyn的Rosewater玫瑰香水因為太受歡迎，於是製成Rosewater的冷洗精來洗滌貼身衣物。法國高級香水品牌L'artisn Perfumeur還用香氛做成一系列的小香袋，有點像端午節的小香包，非常別緻可愛。

1968年雅詩蘭黛夫人設計出Youth Dew香精盒，從此固體香精便成為雅詩蘭黛的經典，並結合名設計師的心血巧思，讓香膏成為美麗的藝典藏藝術。Parda於2007年推出造型簡約的鑰匙鍊10毫升小香水，可隨身攜帶或掛在皮包上，既方便又時尚。DKNY也不約而同推出蘋果造型的

鑰匙圈設計，暗藏的是青蘋果Be Delicious的固體香精，讓人愛不釋手！Kenzo的Ryoko也是新款的行動香氛，Ryoko的日文意思是旅行，可愛又輕巧的小頑石造型是名設計師Karim Rashid的巧思。

而Marc Jacobs、Kenzo、Lolita Lempicka、Clinique等許多品牌也曾推出香氛蠟燭，當然價格也比一般的芳香蠟燭昂貴不少。鐘錶業也不落人後，Venexx's的手錶居然還有噴洒香水的功能，手錶內的香水儲存器能噴出香水 60次，而且可以自行選擇香水裝進去呢！

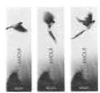

至於大家茶餘飯後最熱烈討論的，就是全球最貴的香水—維多利亞時期即創立的Crown Perfumery的限量香水No.1，全球僅推出10瓶。除了是巨型瓶裝之外，香水瓶使用名牌Baccarat水晶精製，瓶頸鍍上18K黃金，並鑲有一顆重達5克拉的鑽石，躺在附有鑰匙的絨裡漆盒包裝中，可謂極盡奢華，價格約3百多萬台幣！

時尚本是一種靈巧敏銳的生活美學態度，就如名設計師Marc Jacobs曾說：「香水如同時尚，是一種表達強烈個人風格的方式。」由趨勢可見，香水、時尚、名流話題已經和我們日常生活相互結合。我們或許受限於現實因素，無法隨時隨地自在的表現自己，但是透過看不見的香氣，在香氛的視覺、觸覺感動間，已經將自我的形象和氣質充分傳達，這或許便是香水最引人入勝的地方。

名人的香水身分

名人	關係	香水品牌/名稱
碧昂絲 Beyoncé	代言	Emporio Armani Diamond Tommy Hilfiger True Star
布蘭妮 Britney Spears	與Elizabeth Arden品牌合作	curious, fantasy, Midnight fantasy, believe
凱薩琳莉塔瓊絲 Catherine Zeta-Jones	代言	Arden各款香水
席琳迪翁Celine Dion	個人品牌	Celine Dion
莎莉塞隆 Charlize Theron	代言	J'adore
辛蒂克勞馥 Cindy Crawford	個人品牌	Cindy Crawford
貝克漢 David Beckham	個人品牌	Beckham系列
伊莉莎白泰勒 Elizabeth Taylor	與Elizabeth Arden品牌合作	White Diamond
	個人品牌	Passion
伊莉莎白赫莉 Elizabeth Hurley	代言	90年代Estee Lauder
伊娃葛林 Eva Green	代言	Dior Midnight Poison
關史黛芬妮 Gwen Stefani	個人品牌	L L.A.M.B
葛妮絲・派特羅 Gwyneth Paltrow	代言	2005年起Estee Lauder
希拉蕊史旺 Hilary Swank	代言	Guerlain Insolence
希拉蕊多芙 Hilary Duff	個人品牌	Hilary Duff With Love
伊莎貝拉羅莎里妮 Isabella Rossellini	代言	80年代Lancôme香水
	個人品牌	Manifesto
尚雷諾 Jean Reno	個人品牌	Jean Reno Loves You
珍妮佛羅培茲 Jennifer Lopez	個人品牌	Glow, Still, Live by JLO, Miami Glow
拜喬飛 Jon Bon Jovi	代言	RSVP Kenneth Cole
胡立歐 Julio Eglesias	個人品牌	Only Crazy, Only Julio
凱特摩絲 Kate Moss	代言	COCO Mademoiselle
	個人品牌	Kate
凱特溫絲蕾 Kate Winslet	代言	Lancome Trésor

名人	關係	香水品牌/名稱
琪拉奈特莉 Keira Knightley	代言	COCO Mademoiselle
金凱特羅 Kim Cattrall	代言	Spark Seduction by Liz Clai-borne
凱莉米洛 Kylie Minogue	個人品牌	Darling Showtime
里奧納多 Leonardo DiCaprio	代言	Ralph Lauren
麗芙泰勒 Liv Tyler	代言	Very Irresistible Givenchy系列
瑪莉亞凱莉 Mariah Carey	個人品牌	M
麥可喬登 Michael Jordan	個人品牌	Michael Jordan
娜塔莎 Natasha	代言	Lacoste Touch of Pink
妮可基曼 Nicole Kidman	代言	Channel No.5
娜歐蜜 Naomi Campbell	個人品牌	Naomi Campbell
派瑞斯希爾頓 Paris Hilton	個人品牌	Paris Hilton 系列
潘妮洛普 Penelope Cruz	代言	Ralph Lauren Glamorous
瑞秋‧懷茲 Rachel Weisz	代言	Burberry London
莎拉潔西卡派克 Sarah Jessica Parker	個人品牌	Lovely, Covet
史嘉蕾喬韓森 Scarlett Johansson	代言	Calvin Klein Eternity Moment
吹牛老爹 Sean John	個人品牌	Unforgivable
仙妮亞唐恩 Shania Twain	個人品牌	Shania, Shania Starlight
舒淇 Shu Qi	代言	FLOWERBYKENZO
蘇菲瑪索 Sophie Marceau	代言	Guerlain Champ-Elysee
蘇菲亞科波拉 Sophia Coppola	代言	Marc Jacobs
柳時元	個人品牌	柳時元106

小甜甜
Britney Spears
布蘭妮

curious
渴望

Britney的第一支香水—curious，於2004年10月在美國由Elizabeth Arden發行時，就得到極大的迴響。

Fun、年輕、甜美、性感。來自她家鄉路易斯安那州Louisiana的白木蘭花，加上誘惑的金梨與蓮花，挑起了陣陣好奇。茉莉、晚香玉和粉紅仙客來，則是中味的興奮感。布蘭妮鍾愛的香草麝香，則是後味感性的甜美。

curious香氛是由Quest的Claude Dir及Ann Gottlieb所創。「為了將Britney所有特質捕捉獲於一款香味中，我創造了一種使人沉醉的花香味。」Dir說：「白色花朵及現代化的晚香玉，給予香水時尚和活潑的特質，而獨特裹著香草味的麝香代表她柔和、性感的一面。」

curious可愛復古的瓶身，是布蘭妮在倫敦古董店得到的靈感設計，粉紅色的雙心小墜飾代表愛情及好運氣。粉紅色及天藍色紙盒是精緻的花朵設計，也是Britney最喜愛的兩個顏色，加上高雅霧面的黑色外盒，襯托得更具特色。神祕的設計，包裝誘惑好奇的天性，打開紙盒時，它真像一朵花般，獻給有膽量、敢冒險的女孩和女人們！

Fantasy
Britney Spears
幻多奇

當香水師Jim Krivda一看到fantasy BRITNEY SPEARS™的香水瓶時，立即萌生了靈感，他想掌握活潑嬉鬧的趣味，以綠色光澤的閃亮水晶鑽為誘餌，用魅惑芳香的誘人魔力展現fantasy BRITNEY SPEARS的特質。於是，Jim創造出這款圓潤又迷人香水。

活潑絢爛的紙盒就像一本神奇的故事書，打開即呈現精美的紅紫晶瑩香水瓶。瓶身美麗如異國神話，象徵布蘭妮迷人魅力的Swarovski水晶閃著微光，桃紅瓶身則愈顯耀眼。環環相扣的幻彩花紋，代表對久恆愛情的追尋。

甜美的性感氣息，一切始於豐美的紅荔枝、黃金溫梨與帶有異國情調的奇異果，可愛迷人。中調混合甜美的小蛋糕風味，加上茉莉花香與性感的白巧克力文心蘭香，有趣又帶著挑逗。最後則是薰甜的乳脂麝香、鳶尾香根與性感木質味，持續且醉人。

名人·香水·時尚
的三角關係

Magic begins at midnight.

MIDNIGHT fantasy
BRITNEY SPEARS™
幻多奇 深夜版

午夜12點鐘響，令人無法抗拒的神祕，MIDNIGHT fantasy香氛即將施展誘惑⋯⋯

MIDNIGHT fantasy是一款專為媚惑型女性設計的香氛，巧妙地融合了fantasy女香的魔幻力量與curious的嫵媚風格，所創造出的全新女性香氛。

MIDNIGHT fantasy有著和fantasy相同的瓶身造型，深藍的顏色增添神秘感，閃爍著淡藍色的水晶鑽瓶身跟香氛一樣令人無法抗拒，包裝外盒的設計主題是深藍的神秘夢境，創造出夜森林的神祕感。

甜美黑櫻桃融合了覆盆子以及洋梅果香，是進入神秘心機國度的邀約。誘惑的蘭花、小蒼蘭以及天鵝絨鳶尾的花卉香氛，融合了麝香與黑琥珀，創造出令人無法忘懷的媚惑MIDNIGHT fantasy。

布蘭妮
believe
信仰女香

Britney Spears布蘭妮繼暢銷的香氛curious以及fantasy 幻多奇之後，believe「信仰」是她最新推出的女香，香氛代表的是自信、獨立與積極的精神表徵。

每個人的靈魂裡都擁有珍貴如寶藏的信仰。其中有些部份被隱藏曲解；另一些是我們生活及愛情中所倚賴的信念；其餘的那一部份，則是在我們最需要時，潛藏在內心對自我的激勵。believe來自於布蘭妮靈魂深處的投射。當她分享她的信仰時，同樣我們也在當中找到屬於自己的信念。布蘭妮說：「believe女香的設計概念，是希望所有穿上它的女孩，都能探索屬於自己的信念，且不論發生什麼事，都能堅持這一份信念、勇於面對。」

性感、熱情、細緻、媚惑的香氛，藉由異國水果、纖弱花朵及性感琥珀，交融出believe女香的動人與閃耀。前味有令人垂涎欲滴的番石榴果泥、黃金橘，閃耀著青春光采；中味盛開的忍冬及椴花，精緻交融出誘人的香味；後味平衡著世故與年輕的靈魂，廣藿香的氣息，被性感麝香及粉紅胡桃糖的氛圍細密包覆著，醇郁但不過份厚重。

包裝靈感來自於簡單的三角形，時尚、翠綠的瓶身，刻畫著個性的輪廓；多面的設計，意指布蘭妮心深處的多重信念；在瓶身上方、閃耀銀色光澤的金屬飾板上，刻印著布蘭妮的簽名。時尚淨白的包裝盒，綴上金屬光感的粉紅、桃紅及碧綠色圓點，代表著人生中激勵、愛、樂趣與生活的信念。雖然近年來Britney私生活備受爭議，但香水的銷售量一路看漲，榮登名人品牌香水品的銷售冠軍。

貝克漢
DAVID BECKHAM

Intimately BECKHAM
迷人小貝

　　全球最具知名度的足球明星貝克漢，和他的太太維多利亞推出對香－Intimately BECKHAM迷人小貝男女對香，將貝克漢與維多利亞之間的情愛溶於這支對香中。這一對名人夫妻檔始終都是時尚流行的指標，鎂光燈的焦點，貝克漢和維多莉亞將他們當初觸電、互相吸引的感覺化為這組對香，讓大家更貼近他倆的愛情。

　　這款Intimately BECKHAM 迷人小貝女香，融合了親密關係與奢華的概念，勾勒出維多利亞的美麗自信與為人母溫柔的一面，味道偏向成熟艷麗，是一款優質的Party 夜香。

　　前味即是女人味的花香調，有白花、佛手柑和玫瑰花瓣；中味則有偏甜的卡薩布蘭加百合、晚香玉、柳橙、香草；後味則是偏濃郁的檀香木、麝香，烘托其高貴持久的香氣。

希拉蕊多芙
Hilary Duff

With Love
玩美蛻變

　　身兼歌手、演員、設計師，　才女希拉蕊多芙（Hilary Duff）踏入另一個新的事業版圖，　就是與伊莉莎白雅頓合作推出香氛系列—Hilary Duff希拉蕊多芙之「玩美蛻變」（With Love）。

　　玩美蛻變是一款代表著樂觀、自信、真實作風及無限可能的信念，是獻給那些相信夢想的女孩們！香調屬於歡樂活潑的東方花香調，前味以撩人多汁的山竹果，構成彷彿香檳酒氣泡的味道，清新又俏皮；中味滿是明亮開朗氣味的熱帶山竹花，以及充滿異國情調的紅木；後味擁抱著濃密而溫暖的琥珀及麝香，　俘虜那渴望安定的心。

　　閃爍而復古的瓶身捕捉希拉蕊多面向的個性本質。瓶口粗繩與設計靈感，則是來自於希拉蕊最喜愛的古董戒指，黃水晶似的瓶蓋對於希拉蕊來說尤其重要，因為它代表了溫暖、喜悅與樂觀。加上奇特的古書卷軸框住復古的藍綠色紙盒（靈感是來自於Hilary Duff臥室所使用的顏色），優雅的揭開裡面那美麗瓶子，展開一段亮麗溫柔的香氛之旅。

FRESH·SEXY·CLEAN
Glow by JLo
IT'S THE GLOW THAT PLAYS ON

erlopezbeauty.com

珍妮佛羅培茲
JLo by
Jennifer Lopez

Glow
by JLo

2002年珍妮佛羅培茲所推出的第一瓶香水Glow by JLo，清新的花香調，強調的是貼近真實生活中的珍妮佛羅培茲，而非在螢幕上遙不可及的國際巨星。她除了親自參與香水的研發過程外，還拍攝了亮眼的平面廣告。拉丁天后出馬拍攝幾乎上半身全裸的廣告，使得這瓶香水在美國一上市就造成空前話題。

Glow by JLo屬清新花香調，包含橙花、粉紅葡萄柚、柑橘花的活潑前味；中味充滿了女人的性感，有玫瑰、檀木、龍涎香的嫵媚暖意；後味反而歸向茉莉、鳶尾花、白麝香、香草的潔淨溫柔。整體強調無暇純潔的性感，透明乾淨的香調接受層面廣，也是銷售排行榜的常勝軍。

still Jennifer Lopez
星鑽

這款2003年Jennifer Lopez所推出的第二款女香still Jennifer Lopez「星鑽」,富浪漫復古女人味。瓶身的設計靈感來自古董香水瓶的圓潤線條與晶瑩光澤,利用切面的光線折射,展現寶石般閃閃動人的奢華感。瓶口處的寶石戒環,還可取下成為裝飾品。

　　微醺的柔和花香調展現出成熟自信的性感魅力。誘人的前味有日本清酒、伯爵茶、白胡椒,相當別緻;媚惑的中味則是粉紅小蒼蘭、茉莉、忍冬的甜潤組合;性感的後味是鳶尾花、麝香、龍涎香的沈靜氣息。這款香水頗受粉領族喜愛,兼具時尚、優雅,和小小嫵媚的特質。

Love at First Glow by JLo
愛情宣言

2006年JLo系列的Love at First Glow愛情宣言，更青春、更柔美可愛，彷彿漫步在粉紅色的雲端，輕飄飄的花果香，就像戀愛中神魂顛倒的甜蜜滋味。

前味揉合了佛手柑與橙花，加上甜桃的柔軟果香，清新明亮、充滿閃閃發光的活力。中味細緻的粉紅茉莉、木樨以及野生玫瑰等層層花香，散發無邪的性感魅力。後味的木質香及誘人麝香，彷彿情人溫暖的擁抱。

瓶身造型延續Glow by JLo的柔美曲線，換上閃耀著珍珠光澤的粉紅外衣，展現更搶眼的全新造型。細長瓶身上的晶亮粉紅吊飾，把小珍珠、粉紅愛心與閃閃發亮的銀色JLo墜飾巧妙組合在一起，也可掛在手機上，更是super cute！

all out glam

Live

L U X E

Jennifer Lopez

new new

Live Luxe
by Jennifer Lopez
珍愛安可

　　Live Luxe珍愛安可女香餘韻不絕的芳芳，好似其繽紛的瓶身，所綻放出的光采，甜美、嫵媚、又引人注目。鮮明的花果香調，前味像一道可口的水果沙拉，有柑橘、甜瓜、蘋果、桃子、西洋梨；而充滿魅力的中味，則有著鈴蘭花瓣、忍冬、鳶尾草的溫柔；溫潤後味是檀香木、香草、琥珀香、麝香的濃郁表現。整體有著熱情的性感，瓶身帶著點60年代藝品的復古風，呈現精巧的裝飾感。

流行音樂界動感女神 **凱莉米洛**
KYLIE MINOGUE
Darling **魔力女香**

以一曲「Can't Get You Out of My Head」襲捲全球流行音樂排行榜的性感女神—凱莉米洛（Kylie Minogue），其熱情嬌媚的舞台演出、纖細又渾圓的身材，是全球歌迷心目中的性感女神，也是唯一一位橫跨80、90、2000年3個年代，均有暢銷單曲的流行歌手。雖然演藝事業曾因罹患乳癌而短暫中止，但她全心投入、奮勇抗癌的過人毅力及勇氣，鼓舞了更多世界各地的歌迷。2006年她再度展開的全球巡迴演唱會，讓復出歌壇的聲勢更上一層樓。

除了音樂事業外，凱莉也在時尚設計上有亮眼表現，她也不落人後推出屬於自己的香氛。Coty Beauty集團特別為凱莉這樣迷人的俏臀天后，設計她的第一款香水—Darling「魔力」女香。

Darling「魔力」女香以濃郁豐富的花果香，真實呈現凱莉的千萬風情。前味融合甜美的楊桃果香及清新淡雅的小蒼蘭，散發凱莉俏皮自然的氣息。以花香為主的中味，由柔美可人的鈴蘭與甜蜜濃郁的波蘿尼花，交織成凱莉般的甜美迷人香氛。誘人的後味纏繞著感性的龍涎香及典雅的檀木，呈現凱莉優雅性感的魅力，完美勾勒出屬於凱莉米洛專屬的巨星風采。而凱莉米洛那令人瘋狂的曲線也融入此款香水瓶身設計中，圓弧瓶身造型宛如凱莉的俏臀，閃亮晶瑩所透出的粉紅光澤，則隱藏著她無限的熱情、嫵媚與魔力。

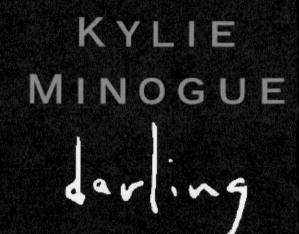

KYLIE
MINOGUE

darling

瑪麗亞凱莉
Mariah Carey

M by
Mariah Carey
迷蝶

知名歌手瑪麗亞凱莉（Mariah Carey），將才華和創意拓展到香水的領域，在2007年秋天，與雅頓集團合作推出的同名香水「迷蝶」（M by Mariah Carey），即是她在香氛領域的首作！

Mariah Carey將音樂的豐富多變也放進她的香水成分中，使不同的香調獨立分明卻又能融合在一起。這支由Mariah Carey及調香師Carlos Benaim、Loc Dong共同調製成的香水，前味是引人入勝的溫暖棉花糖；接下來的香氛充滿了醇厚及飽滿的大溪地提亞蕾花香以及槴子花；後味還加入誘人的摩洛哥檀香以及琥珀，在肌膚上留下神秘性感的味道。Mariah Carey所愛的香味及回憶和諧的構成這支亮麗的香水，完整表達出Mariah Carey圓融的女性魅力。

香水瓶由Mariah Carey以及雅頓集團設計師Jean Antretter合作設計，靈感取自Mariah Carey的個人簽名。精緻的玻璃瓶蓋設計，就像一隻輕輕停駐在花瓣上的美麗彩蝶。花朵以準備綻放之姿，即將釋出深藏其內的誘人香氛，而瓶身中央的銀色扣環設計，更增添了一抹成熟優雅的氣息。

The debut fragrance

M

MARIAH CAREY

AN ETHEREAL PRESENCE CAPTIVATING LIKE A SONG.

131

Paris Hilton
派瑞斯希爾頓

　　Paris Hilton的同名香氛有著甜美柔和的性感魔力，薄薄的香氛華衣好比輕柔的絲綢，一打開桃紅色圓柱型香水瓶身，伴隨而來的優雅香氛，兼具著可愛與性感，不論是白天或夜晚，輕鬆休閒或盛裝打扮，Paris Hilton 香氛都能恰如其份的詮譯出一股青春時尚風。

　　Paris Hilton的前味呈現蘋果清香和水蜜桃果香，揉合著瑪格麗特清爽的花香，展現如同小女孩般清新的花果香基調。中味是極為女人的花香調，含羞草所帶來的清新花香，交纏著小蒼蘭與茉莉花瓣；而月下香的可口也同時釋放出獨特的性感女人香，延續香味的深度。後味的表現由香檀木引出天然橡樹苔，再加上最能代表女性嬌柔的伊蘭香氛，交揉成溫暖而優雅的迷人香氣。

　　Paris Hilton本人更為這瓶香水注入了靈感，採用她喜歡的桃紅色，瘦長的圓柱型瓶身正像是她婀娜多姿的曼妙身軀；而瓶身上圍著幾何般的曲線，更是設計的精華。因為當用手旋轉著透視瓶身時，便會發現這位女繼承人側身的輪廓，若隱若現的隨著令人心動的香氛呼之欲出。

Just Me
by PARIS HILTON

Just me
就是我

This fragrance turns heads.
You will be asked
"What are you wearing ?"
With a smile you reply,
"It's Just Me!"

——Paris Hilton

當你聞到一股香味讓你忍不住問：「妳用什麼香水？」
派瑞斯希爾頓將會回答：「就是我！」

　　上流社會的派對女王、21世紀的社交名媛，派瑞斯希爾頓是鎂光燈的焦點，藉由Just me「就是我」，一款像她一樣自我的香水，展現她所要的世故與性感。

　　承襲纖細圓柱狀的瓶身設計、由下往上的粉紅色漸層，彷若是這位女繼承人纖細的身影搖曳。前味有紅莓果、香脆佛手柑、粉紅胡椒，展現派對女王的神韻，青春的能量讓白天或夜晚都一樣迷人。中味是俏麗紫羅蘭、山谷百合、濃郁鳶尾花、白玫瑰，散發時尚領導力與吸引力，感受天真與甜美。後味的依蘭依蘭、大溪地香草、埃及檀香、綜合麝香的木香，充份詮釋出性感及自信的面貌。

HEIRESS
by Paris Hilton

HEIRESS
繼承人女香

Mirror, Mirror on the Wall
Who is the Heiress of them All ?
It is Paris Hilton, of course !

　　如果你要問誰是全球最耀眼的繼承人，說真的，應該就算是Paris Hilton吧。於是，Paris Hilton的第三支女香就直接名為Heiress「繼承人」，帶點優雅和世故，包覆著年輕活力和優雅的花果香味。

　　前味是百香果、桃子、香檳、柳橙的組合，好比一場露天的雞尾酒派對；中味包含懸鉤子花、忍冬花、伊蘭樹、櫻桃、皇冠花，散發無比柔媚的名媛風；後味則是紫羅蘭、香根草、大溪地薰草豆、金黃香木的甜柔奔放。

　　香水瓶身延續著Paris Hilton最喜愛的粉色系，以優雅的方柱外型切割出如鑽石般閃耀的光澤，隨著明暗的光線折射，流轉出如時尚萬花筒般多變的樣貌。

Can Can
紅磨坊淡香精

A Fragrance that expresses a mood of sparkling elegance, something that would make me feel wonderfully sexy and glamorous and that is just what happens when I wear CAN CAN.

——Paris Hilton

Can Can紅磨坊康康舞淡香精是話題名媛派瑞斯‧希爾頓（Paris Hilton）出獄之後所推出的香水。她表示她超喜愛紅磨坊的康康舞，覺得跳康康舞除了可以很性感、驚豔之外，還有一股很特別的調情魅力！為了滿足自己對康康舞的熱愛，派瑞絲特別聘請世界知名的調香師Mr.Jean-Claude Delville為她調出這一款水果花香調的性感淡香精。一種屬於非常女人味、細緻、性感挑逗的香氛調性，可以讓她和所有的女性即使沒有康康舞衣，但只要「穿著」Can Can「紅磨坊康康舞」淡香精，也可以隨時性感驚豔、富有魅力！

Can Can有著閃亮、大方而溫暖的年輕時尚感，包含前味的小柑橘、黑醋栗、油桃的可愛挑逗；中味則透出野蘭花、澄櫻的女性柔媚感；後味的麝香、琥珀和性感的木質調，更引發誘人的神秘感。派瑞絲希爾頓認為Can Can令她性感無邊，艷光四射。的確，正如在瓶身上斜倚的那抹桃色羽毛，一切的一切，依然透露著她對人生充滿著歡樂與絢麗的期待。

莎拉潔西卡派克 Sarah Jessica Parker
LOVELY 慾望城市 女香

LOVELY ON THE INSIDE

　　自從飾演美國影集「慾望城市」（Sex and the City）的女主角凱莉（Carrie）
之後，莎拉潔西卡派克（Sarah Jessica Parker）儼然成為全球女性心中的時尚偶
像，而她獨到的品味也已獲得全球時尚界的肯定。

　　莎拉潔西卡派克在2005年完成她心中的一個夢想—擁有自己設計的香水。她從小
就是位優秀的舞台劇童星，更是位浪漫優雅的芭蕾舞者。也因為如此，她選擇使用
粉紅絲緞色為此次香水的設計主題。Lancaster Group更是為這樣傑出的表演者，
開創出另一種表現出她自我風格的香氛舞臺。

　　Lovely Sarah Jessica Parker結合莎拉潔西卡派克的女性特質，以及她所喜愛的
優雅復古設計。絲緞般細緻的前味融合清新的柑橘、淡淡的薰衣草香以及一抹清脆
的蘋果馬丁尼。以花香為主的中味，充滿異國風情的廣藿香、馥郁的水仙，以及柔
美的蘭花。誘人的後味縈繞著感性的柏木、龍涎香、性感麝香以及溫暖的木質香。

　　Lovely的香調有些古典，並無衣香鬢影般的奢華調性，內斂的婉約沈靜，反倒接
近莎拉潔西卡派克本人務實堅毅的性格。香味持久，辨識度也頗高，優雅的氣息，
不論白天夜晚皆適用。

Sarah Jessica Parker COVET
慾望拜金女

有了一雙鞋子之後，
　　就會想要有一雙高跟鞋

有了珠寶之後，
　　就會想要擁有一顆鑽石

有了甜點，
　　就會想要一口挑逗味蕾的巧克力

有了香水，
　　你會渴望擁有COVET

全美最受歡迎的影集「慾望城市」（Sex and the City）電影版，在歷經女主角不合及拒演的風風雨雨下，終於開拍了。這部全球影迷引頸期盼的電影，到時應會再次掀起全球流行的「慾望風潮」。而劇中那位時尚、最受歡迎的女主角之一凱莉—莎拉潔西卡派克，在投入電影拍攝的同時，並未忘記她最愛的香水事業。繼2006年6月推出的LOVELY香水，總銷售量達到4600萬美金，2007年莎拉潔西卡派克的第二支香水—Covet慾望拜金女上市了。有別於莎拉第一款女香的古典優雅，精緻時尚的Covet慾望拜金女，呈現的是莎拉潔西卡派克的時髦品味。

Covet屬柑苔香調，前味融合翠綠青草香、多汁的西西里檸檬、天竺葵葉、薰衣草，特別的是還加入些微苦的巧克力，讓前味表現前所未有的清新水露感。甜蜜芬芳的忍冬、鈴蘭及木蘭花的花果香中味，交織出迷人女性魅力。溫暖感性的喀什米爾木、柚木、香根草的木質香，揉和具異國風味的性感麝香和龍涎香，餘味繚繞，有著迷幻又宜人的特質。

Covet瓶身設計閃耀著鑽石般的璀璨，玻璃瓶身宛如一顆炫麗的圓形寶石，瓶口處以令線鑲成一圈圈的裝飾，就像是圍繞在脖子上的鑽石項鍊。瓶蓋部分有如多層次設計的戒指，好似女性夢寐以求的頂級奢華珠寶，讓人無論如何都想要擁有它。

香水博物館

Agent Provocateur

　　Agent Provocateur是由英國龐克女王—薇薇安·魏斯伍德（Vivienne Westwood）之子約瑟夫·柯爾（Joseph Corre）和他的妻子瑟琳納·瑞斯（Serena Rees）於1994年所創立。他們用強烈的設計風格及意涵重新定義性感內衣，營造出Agent Provocateur獨特的魔幻情趣。

　　跨越傳統的規範，Agent Provocateur重新定義性感，希望讓性感成為時尚圈最HOT的關鍵，帶點SM女王的尊貴氣質，擁有鑲鑽的皮鞭和頸圈，處處散發出彷彿性感舞孃的挑逗魔力。

　　Agent Provocateur成功走出只屬於她的性感形象，不少知名巨星，包括瑪丹娜、凱莉·米洛（Kylie Minogue）、克莉絲汀（Christina Aguilera）、葛妮絲·派特蘿（Gwyneth Paltrow）等，均是Agent Provocateur品牌的愛好者。

Agent Provocateur 密使

Agent Provocateur「密使女香」以挑逗感官極限為使命，令人舉手頭足間蕩漾著強烈的誘人香氛。東方花香調則先從充滿異國情調的印度番紅花開始；而中調綴以茉莉、摩洛哥玫瑰以及木蘭花的女人味，讓性感氛圍達到極緻。最後則以琥珀、西洋杉木、香根草與麝香，散發出令人迷醉的媚惑氣息。

另一特色則是它精緻厚實的粉色瓷瓶，如同吹彈可破的細緻肌膚。鵝蛋型的瓶身象徵著豐潤的女性魅力，配上小巧的黑緞帶，散發著神秘且挑逗的氣息。

淡粉紅瓶身被神秘的黑色外盒所包覆，而盒子擁有一個小小的秘窗，象徵著想要窺探藏在黑色紙盒內的秘密，更引發出人們潛藏在心底的無限慾望。

清新怡人度★★☆☆☆　甜美可愛度★☆☆☆☆　性感誘惑度★★★★★　珍藏價值度★★★★☆

Ap Maitresse 地下情

Agent Provocateur Maitresse 地下情主要的香氛基調，和Chanel N°5及LANVIN的Arpège有著類似優雅及純粹的女性魅力。整體香氛以乙醛為嗅覺的催化劑，調和了伊蘭樹、茉莉玫瑰、鳶尾花蕾等花香魅力，使香味更顯豐厚，並彰顯每種氣味的特質及層次。性感的麝香及檀香成就一道溫暖的東方後味，如乳脂般的細緻，再加上廣藿香和琥珀，釀出讓人沈醉的性感風韻。

屬於「威力花香調香水」的Maitresse，不太適合白天的教室或辦公室，反倒是一款秋冬夜晚的絕佳挑逗利器，擁有的盡是溫柔濃媚的魔幻魅力。

而現身於金色瓶身上的神秘美女，是一幅絕美性感的手繪插畫，她是國際知名插畫家李察‧葛雷（Richard Gray）所創作的。 李察‧葛雷為不少知名設計師及國際時尚雜誌工作，作品囊括了：Agent Provocateur、Alexander McQueen、Givenchy等。

清新怡人度★☆☆☆☆　甜美可愛度★☆☆☆☆　性感誘惑度★★★★★　珍藏價值度★★★★★

AIGNER

來自德國的愛格納AIGNER，
有著歐陸紮實而沈穩的風格，品
牌Logo的馬蹄鐵，代表著古歐
洲的一則傳說：如果身邊放一塊
馬蹄鐵，便能夠為自己帶來好運
氣！這也就是來自匈牙利的創辦
人—Etienne Aigner先生的選
擇。馬蹄鐵中間再加上一條橫槓
的原因，代表他姓氏的第一個字
母A，像是一帖幸運符，同時也
成為愛格納的品牌象徵。

愛格納是從皮件市場起家的，
因此部份香水的包裝或香味皆有
皮革的影子。除此之外，愛格納
在每年的各款設計中，必定選取
各民族的特色，融合愛格納「世
界一家」的主張。在生產過程
中，愛格納嚴守環保的規律，包
括回收含金屬離子的水質、使用
較昂貴對人體無害的染料等。種
種的理念對愛格納來說，是想在
人與大自然間，做一個時尚界的
「和平使者」。AIGNER精品的
材質多屬耐用且線條簡潔優雅，
不以花俏取勝，卻不減其耐人尋
味的特色！

In Leather
風尚

精緻的皮革是Aigner所追求的材質。In Leather「風尚」香水即是Aigner將皮革設計元素融入其中，將皮革馨香加入基調裡，造就全新皮革香，詮釋出特別的皮革香水。

In Leather的前味有著柳橙、李子和黑茶，可口而優雅；中味擁有足夠的女人味，包含茉莉、月下香、大馬士革玫瑰、鳶尾花的豔麗組合；後味的柏木、皮革、琥珀和香草，昇華皮革原有的精神，釀出沈醉且濃郁的餘韻。

In Leather 訴求的是摩登、釋放自我、不拘於傳統的女性，她擁有過人的朝氣活力、好冒險，知性中散發著誘人的自我魅力，是一款優質的性感夜香。香水瓶身的設計，是以貴重的金屬瓶蓋，飾以獨特的皮革為主要特色，充分襯托出瓶內香氛的奢華和優雅。

融合著充滿異國風味的花果木質調香氛，輔以微妙和精粹的皮革，是這款風尚女香獨特之處。

清新怡人度★★☆☆☆ 甜美可愛度★☆☆☆☆
性感誘惑度★★★★☆ 珍藏價值度★★★☆☆

TOO FEMININE
真女人

Aigner的Too Feminine「真女人」淡香精，以優雅與高度的獨特性，傳達了圓融、細緻又善解人意的甜美調性。性感、明亮與溫暖的調和魔力，百香果、西瓜、覆盆子、葡萄柚如同多汁果香，給予暖陽般愉悅的前味。印度月下香、突尼西亞香橙花、埃及茉莉、中國玉蘭、加上帕馬紫羅蘭，充滿異國風情的濃郁花香，令中味有的是女人的風情萬種。橡木苔蘚、岩蘭草、鳶尾花、檀香木、琥珀、麝香，成為更為圓潤的木質基調，呈現豐富、高貴的性感後味。

繼Too Feminine「真女人」淡香精之後，Aigner在 2007年亦推出淺綠色調的Too Feminine Spring「真女人的春天」，讓女人同時擁有柔與美的春天感受。

清新怡人度★★☆☆☆ 甜美可愛度★★★★☆
性感誘惑度★★★★☆ 珍藏價值度★★☆☆☆

ANNA SUI

Anna Sui出生於密西根州底特律市的華裔中產家庭,她父親是工程師,母親是家庭主婦,並曾在巴黎學畫。Anna小時就表露出對時裝的熱愛,並開始接觸流行時尚。她喜歡把洋娃娃與哥哥的玩偶加以裝扮,幻想著要赴奧斯卡頒獎典禮盛會。之後,她更是把對流行的興趣表現在自己設計服裝及蒐集流行雜誌的剪報,這些都成為她日後設計的靈感來源。

1970年代,高中畢業後,Anna搬到紐約市,進入Parsons設計學院。在Parsons時,她和現今世界頂尖攝影師史蒂文·梅西爾(Steve Meisil)成為密友。她早期擔任梅西爾的攝影造型師,並為義大利流行雜誌寫評論。

兩年後,Anna離開Parsons,任職於運動服裝公司,不斷將獨特的設計理念豐富的呈現於作品中。

1980年,Anna在一場精品展中發表六件設計作品,立刻就收到Macy's的訂單,並將其中1件作品刊登在紐約時報廣告上。同年,她就陸續開設屬於自己品牌的服裝專賣店!

1991年,Anna Sui首次公開發表服裝秀,從頭到腳展現她自創品牌的流行設計,紐約時報將她的作品喻為高級時裝及嬉皮的混合體。同年,Anna將她的服裝事業及展示室搬到紐約的Carmet District成衣區。

1992年,Anna在紐約蘇活區格林街113號上,設立她第一家精品店。店中呈現她對室內裝潢的靈感,牆壁漆滿紫色、紅色,另外也陳設許多跳蚤市場的家具和奇特人型的模特兒。

1995年,Anna發表SUI ANNA SUI系列,由THE GILMAR GROUP「吉而馬集團」製造發行。此系列對Anna的招牌放克(Funk)風格,賦予更為入木三分的詮釋,她更是親自主導此品牌的廣告形象設計。

1997年首度發表的秋季鞋款系列,由義大利威尼斯的巴林(BALLIN)所製造,包括白天、晚宴的鞋款,材質有藍絲絨、鱷魚及麑皮。

Anna Sui的設計才華不僅在國際知名的時裝設計上表現無遺,在她坐落於曼哈頓雀兒喜區(Chelsea)的住所也可一窺究竟。知名雜誌就曾經報導過她的寓所,漆滿印度安紅的牆,重新裝潢擺設的古董傢飾,以及像人一樣大的假人模特兒。

Anna高興地說:「從我4歲開始,我就一直夢想著擁有我的時裝及彩妝事業,我有自己獨特的流行觸感。也許並非每個人都可以在服裝設計中體會到流行的精神,但是他們絕對可以在我的彩妝、香水中,被我對流行的詮釋所感動。」

Anna Sui 安娜 蘇

Anna Sui第一款問世的同名香水，充分反映她古典浪漫、略帶神祕的時尚精神，瓶身設計模擬一面小魔鏡，有著紫與黑的魔幻特質。香調屬於溫柔花果調，佛手柑、樹莓、甜杏展現一點溫柔的甜美。中味的保加利亞玫瑰、鳶尾花、茉莉是濃郁的花香，杉木、檀木、頓加豆，讓香味轉向柔和的神祕。整體呈現好比是花圃旁開放的一朵濃紫色小花朵，安靜卻又引人注目。

清新怡人度★★☆☆☆ 甜美可愛度★★★☆☆ 性感誘惑度★★★★☆ 珍藏價值度★★★★☆

Sui Dreams 甜美夢境

夢想如果無法實現，只是虛幻的甜美；擁有了夢境，則是溫馨的回味。甜美中略帶點溫柔的暖香，是佛手柑、橘子、甜桃和苦橙；加上牡丹花、白玫瑰、小蒼蘭的柔和，還有香草、麝香、雪松和檀木之間清新而微暖的組合。在天藍色和銀色的古典手提包瓶子中保有永遠的天真、夢幻和溫柔。

清新怡人度★★☆☆☆ 甜美可愛度★★★☆☆ 性感誘惑度★★★☆☆ 珍藏價值度★★★★☆

Sui Love 蝶之戀

愛是生命快樂的泉源，蝴蝶是愛的使者，傳遞所有愛的訊息。回溯到60年代嬉皮的花童主張，生命充滿了快樂、愛、與自由。Sui Love橘桃紅色的蝴蝶四處飛翔，清新帶甜的香調同時有著撫慰和振奮精神的效果。佛手柑、百香果、日本桂花、粉紅胡椒是鮮美的前調，茉莉、白玫瑰、荷花、橙花、紫羅蘭、金盞花好似陽光下的燦爛花圃，融和基調的香草、秋葵子、麝香，表現出活潑不俗的清新花果調，適合活潑且充滿自信的女子。

清新怡人度★★★☆☆ 甜美可愛度★★★★☆ 性感誘惑度★★★☆☆ 珍藏價值度★★★☆☆

ANNA
SUI

香水博物館

Secret Wish
許願精靈
神祕願望·即將成真

洋娃娃香水 系列

Anna Sui從小就離不開流行和時尚的遊戲和創意，就像她的洋娃娃系列香水。洋娃娃有的是小女生可愛的模樣，你可以為她們打扮，實現無數的造型幻想，但是她們也擁有獨特的魔法和生動的表情，讓人看到心中的自我。

ANNA SUI的「洋娃娃」香水系列充滿了樂趣、淘氣、芬芳的話題性，每天透過她們，都有新的發現，勇敢展現自己，表達內心的夢想與信念。

以下是歷年來ANNA SUI的「洋娃娃」香水系列大閱兵：

Dolly Girl
洋娃娃

2003年第一款粉紅色的Dolly Girl「洋娃娃」香水，柔美的外型加上迷人的花果香，代表著嬌俏淘氣的年輕女生：個性活潑、妝扮甜美、充滿青春的氣息。

Dolly Girl Ooh La Love
我愛洋娃娃

半點淘氣、半點性感的洋娃娃長大了！ANNA SUI在2004年推出清新花果調的 Dolly Girl Ooh La Love「我愛洋娃娃」香水，成為獨具都會魅力的小女人。以小雛菊和蝴蝶裝飾著頭髮，又長又翹的睫毛，風情萬種的美人痣，和令人渴望親吻的紅唇。啊，真是俏皮、浪漫、又優雅。

Secret Wish 許願精靈

ANNA SUI的第5支香水，Secret Wish「許願精靈」，是獻給人們心中那個對魔幻力量_____信心的大女孩。

____，小精靈輕盈飛舞，散發____和的金盞花飄出誘人的杏桃____間，已充滿芬芳。接著，幽____帶著一絲神秘感。香味在後____，最後以輕柔的星塵白麝香

____面水晶球上，她誘惑著人們____小仙女的化身，象徵著女性

____our
____佳

____又再次推出令人眼睛為之一亮
____onjour L'Amour「巴黎戀愛洋
____洋娃娃實現每個女孩到巴黎一
____異國風情的清新花果調香水，
____瓶身散發著比ANNA SUI著名的
____黎紫丁香色調。俏皮的向日葵
____點洋娃娃俏麗的短髮，臉頰上
____圓點腮紅，另一邊是甜美的小
____著驚喜與浪漫，將洋娃娃置身
____映現在眼底！

ANNA SUI

Secret Wish Magic Romance 魔戀精靈

Secret Wish Magic Romance「魔戀精靈」深深牽引著對愛情的豐富渴望，彷彿能讓愛情美夢成真。

粉桃色瓶身的Secret Wish Magic Romance「魔戀精靈」，正是為了深信真愛魔力的女性而設計，她依然有著天真浪漫、玩耍嬉戲的個性；卻又嚮往美麗浪漫的愛情，相信美麗的童話故事，並積極尋求那幸福快樂的浪漫結局。

馥郁的白色花香調為嚮往情愛的女人，預約一段在月光下與魔法世界的浪漫愛情故事。香氛的前調為催化愛情魔力，隨著佛手柑、西西里檸檬和蜜瓜孕育而生，一波接著一波的香味感官刺激，釋放令人目眩神迷的激情衝動。佛手柑的平靜心靈，加上明亮耀眼的西西里檸檬，而蜜瓜更帶來心曠神怡的自在。

中調的橙花亮麗活潑，晚香玉為浪漫加溫，月光下的魅惑茉莉花讓夢幻徹底漫延。最後，蓮花開啟心房讓愛流入。基調緩緩吹佛，慢慢回歸恬靜。印度紫檀重溫戀愛的感受，椰子增強愛的能量，琥珀舒緩心神，解放自由率直的心靈。麝香更散發誘人魅力，施展迷人力量，將樂觀的夢想轉化成愛情的實現。

清新怡人度 ★★☆☆☆ 甜美可愛度 ★★★☆☆ 性感誘惑度 ★★★★☆ 珍藏價值度 ★★★☆☆

Flight of Fancy

Flight of Fancy 逐夢翎雀

Flight of Fancy「逐夢翎雀」邀請每一位女性勇敢的探索未來無限的可能性，就像翎雀展開七彩羽翼般絢麗，堅持夢想般的美麗、自信。

Flight of Fancy「逐夢翎雀」最美好的指標，便是在瓶蓋上棲息的翎雀，綻放的華麗羽翅象徵著探索、蛻變，引領著每位女性逐夢、成長，找尋真實的自我。

光芒四射的表面上，閃爍著盛開的花紋及銀色的線條，帶領進入魔幻夢境之旅。瓶身的設計風格，宛如一座精緻的雕刻藝術，可放在梳妝台上細細品味，展現十足華麗、優雅的視覺饗宴。

在香水顏色呈現上，由最底層淺淺發亮的粉紅色，逐漸蛻變至最頂端的黃金色，與瓶口完美結合的一致奢華感。所有感官上的幻想，彷彿允諾著將展開一段無限耀眼的探險之旅，也是心靈覺醒之始。

這支香水是ANNA SUI在新加坡之旅中，所得到的靈感。清新的花香調，是調香師菲利普‧羅曼諾（Philippe Romano）的魔幻傑作。首先感受到的是以荔枝、香柚以及爪哇檸檬為主調的清新果香味，喚醒沉睡的心靈。隨之而來的則是浪漫玫瑰花、星木蘭、紫蒼蘭的花香調，引領心靈深處的愉悅。最後沉澱於誘惑、性感的濃郁麝香氣味。在這款夢幻的香氛裡，期許找到隱藏已久的自我，恣意翔翔在夢想之中。

清新怡人度 ★★☆☆☆ 甜美可愛度 ★★★★☆ 性感誘惑度 ★★★☆☆ 珍藏價值度 ★★★★★

AVEDA

AVEDA主張回歸一個以植物為主的社會，因為植物、陽光是人類生命的來源，AVEDA的品牌理念主張大家應該建立尊敬、珍惜植物的生活文明，使地球更青綠，充滿更多氧氣與生命力。

AVEDA品牌訴求天然、強調人文、追求心靈、重視嗅覺，此外也是訂立美妝產業有機標準的先驅。自2000年開始，AVEDA與全球原料伙伴緊密合作以獲得有機認証，也是全球最大的有機精油採購企業。

AVEDA是澳洲人何斯特（Horst M.Rechelbacher）在美國創辦的品牌，他自小便經歷身為藥草學家、自然學者父親的耳濡目染，對大自然親切又玄妙的力量有所體認。而AVEDA這個字，是由梵文AYUVEDA（吠陀）而來，意思是「宇宙知識」，也是印度傳統生命醫學的名詞。何斯特原是一名美髮師，1964年來到美國開一家美髮沙龍。後來又到印度學習草藥，激發了創造AVEDA品牌的靈感，他索性邀請一位印度草藥師一同返美，並於1978年創立AVEDA，而這位藥師的投入至今仍影響著AVEDA的產品研發概念。

AVEDA品牌在美國發展之初，是由何斯特最熟悉的美髮產品開始，銷售管道也是由美容院專業通路開始建立，到後來才在購物中心成立專賣店。何斯特將專賣店命名為AVEDA Environmental Lifestyle Store，直譯為環保生活形態商店，都是銷售強調植物性的環保生活型態產品（Environmental Lifestyle Products）。

AVEDA的產品線除了植物性的髮膚保養用品及彩妝之外，還有一類稱之為「環

境生態用品」，包括由有機植物調配的康福茶、空氣系列Air Care等。另外該品牌最為強調的，就是「植物純香」香精油系列。

何斯特不願濫用環保訴求，所以AVEDA的植物精油也不用芳香療法的字眼。有感於科技發展及生活品質的改變，使得現代人惑於聽覺及視覺的刺激，而忘記大自然所賜的花香、稻草香，還有葉子、木材的氣味。所以AVEDA特別重視氣味帶給人們的心弦震撼，以純香（Pure-fume）凸顯純自然花草植物的氣味，和其他一般的人工合成香水（Perfume）不同。

AVEDA還有一組稱為「氣卦」（Chakra）的代表性商品，這組號稱是AVEDA最複雜、最極致的配方，是何斯特根據印度氣卦理論，特別調配出的7種純香。氣卦理論認為人類身體中有7個氣卦心靈能量中心，分別是根源卦、喜悅卦、動能卦、生命卦、語音卦、思想卦與極致卦。如果這七個氣卦中心能夠平衡，身、心、靈就此合而為一。 何斯特特別調製7種純香配方的氣卦，希望能與氣卦理論相互輝映，協助使用者達到協調與平衡。

rose attar 典藏玫瑰

在香水產業中，以花植純香享譽的AVEDA，以100%有機認證的保加利亞玫瑰精油及荷荷巴油調合成全球限量的rose attar「典藏玫瑰」純香菁。

rose attar「典藏玫瑰」純香菁中的Rosa Damascena玫瑰每年僅開花一次，散發浪漫、靜謐、感性的香氣，魅力無限，以馥郁的玫瑰香氣撫平心情，進入香氛的夢幻國度。玫瑰精油不僅助於鎮靜、舒緩情緒及潤澤皮膚，長久以來更是愛情的象徵。

AVEDA所有產品中使用的精油高達80%，皆已經獲得有機認證。由於AVEDA堅持有機，AVEDA的調香大師Ko-ichi Shiozawa先生僅能以有限的100種精油來調香。然而在Ko-ichi Shiozawa的嗅覺創意下，依然創造出AVEDA理念下的獨特香氣。

AVEDA「典藏玫瑰」純香菁中的玫瑰油來自位於保加利亞玫瑰谷Kazanlak的Enio Bonchev蒸餾室，特別的是此蒸餾室由家族三代共同經營，並以自然農法（biody-namic）方式採收玫瑰，讓蒸餾室得以與環境、土地永續合諧共存。也因此在「典藏玫瑰」純香菁中，正蘊釀對大地自然的無限關懷，而從這瓶香菁中也發現，只要有心，環保其實也可以很時尚美麗！

清新怡人度★★★☆☆ 甜美可愛度★★★☆☆ 性感誘惑度★★★★☆ 珍藏價值度★★★★★

前味有可口的桃子、杏桃、柑橘和橙，充滿親和力；中味由微酸的萊姆加上依蘭、玫瑰、茉莉、紫羅蘭的芬芳，展現誘人的氣息；後味的檀香、香草、白麝香則令整體的氛圍溫柔又甜蜜。

AmazYou Planning (AYP)

Angel Heart
天使心

　　Angel Heart系列是由日本的AmazYou Planning公司與歐洲香水界的專家 共同研發的系列香水。以愛情與溫暖為核心，瓶身直接以立體的心型表現，創作出青春調性的個性化香水。

　　AmazYou Planning以Angel Heart系列成功打響日本品牌香水的知名度，3年內在日本成為頂尖銷售量的香水品牌。

　　集結法國的調香技術專業，設計師針對日本都會的生活方式、時尚潮流，設計出討喜可愛的紅色心型瓶身設計。透過時尚雜誌的街頭訪問與調查，Angel Heart儼然已成為日本年輕族群人手一瓶的「流行配件」，甚至是日本年輕人步入成年世界的「必需品」，同時也是東洋日系品牌香水的指標之一。

　　Angel Heart系列於2002年在日本初發售時即創下亮眼佳績。即使經過數年，Angel Heart系列仍是市場上很hot的香水；2005年擠身日本三越百貨排名銷售最佳香水的前3名，在日本大型的Harajuku美妝商店也曾登上夏季銷售排行榜中排名第一。

清新怡人度★★★☆☆ 甜美可愛度★★★★★ 性感誘惑度★★★☆☆ 珍藏價值度★★☆☆☆

benefit

benefit的創始人,是一對來自美國印地安那州的雙胞胎姊妹花,姊姊Jean Ford專精藝術與設計,妹妹Jane Ford則很有行銷頭腦。這對姊妹於舊金山灣區創立「The Face Place」精品店,產品兼具創意與品質。1990年正式改名為benefit,以西岸為據點,成為美國流行時尚的一大代表。1999年時被LVMH集團相中,迅速行銷至世界各地,在一些具指標地位的高檔百貨公司,如:美國的Macy's,倫敦的Harrods及Selfridges,皆設有專櫃,解決各階層女性的種種美容問題。

benefit吸引人之處,在於它針對肌膚美容問題提出解決之道,並將趣味創意融入產品中。Ford姊妹認為化妝應該是一件充滿樂趣的事,可以隨心情變換造型。她們的使命就是以最好最新的創意,提供各種品質高、外型討喜的產品,讓女孩enjoy化妝打扮的樂趣。像是boi-ing黑眼圈遮瑕霜,能在轉眼間趕走惱人的黑眼圈,備受專業彩妝師的一致推崇。還有Dr. feelgood抑油毛孔修飾霜,它是全球熱賣第二名的發燒貨,妙處是可以修掉毛孔粗大問題。而benetint紅粉菲菲自然腮紅液,它是Benefit賣了多年的明星台柱,同時是Benefit暢銷全球的冠軍商品。它可以用在臉和唇部,創造出如同玫瑰花般的可人紅暈,展現天真無邪的誘人魅力。數不清的名人、彩妝師一致大力推薦的dandelion蒲公英蜜粉,是被全美網友票選出來最漂亮的粉紅色,可以為毫無生氣的臉龐瞬間煥然一新,而且它很適合當腮紅使用,打造出自然的蘋果臉好氣色。

benefit的產品包裝充滿50~60年代的復古俏麗設計,產品名稱可愛貼切。完整涵蓋從頭到腳的美妝需求—獨特的身體底妝概念、面面俱到的遮瑕與修飾產品,及豐富實用的彩妝產品,在眾多專業彩妝品牌中,成為另一型態的時尚美妝代表。

清新怡人度 ★★☆☆☆ 甜美可愛度 ★★★★☆ 性感誘惑度 ★★★★☆ 珍藏價值度 ★★★☆☆

Maybe Baby

Maybe Baby是美國benefit品牌的招牌香氛,帶有溫暖宜人的香氣。前調是迷人清新的花朵香氣,有杏桃、義大利佛手柑、荔枝及白薑花;中味則是帶有水氣的白色水百合、櫻草花、桂花,誘人可口;基調的白麝香、喜馬拉雅山的芙蓉花及溫暖的甜桃香味,營造出古典且俏皮的時尚風味。

Maybe Baby在香調和瓶身間,依舊貫徹benefit品牌復古且搞怪的訴求,綻放其獨特雅緻的芳芳。

BOBBI BROWN

　　彩妝大師Bobbi Brown認為：「當一個女人走進房間，你想要看的是她本人，而非她臉上的妝；對香水而言，也是一樣。」

　　Bobbi 相信，一個女人的自信來自於：「了解自己的特質，同時感覺到自己的美麗，並喜歡自己。」Bobbi更堅信：「當女人抹了Bobbi香水時，一定能感受到獨特的氣質，相信自己聞起來真的很棒，與眾不同而充滿自信」。

　　芭比（Bobbi Brown）生長在美國伊利諾州，自小就很喜歡揀拾化妝品，在自己或其他小朋友的臉上塗塗抹抹。這位愛化妝的小女孩長大後，到Emerson學院唸書，主修電影特殊造型化妝及舞台化妝。學成之後，她到人文薈萃的紐約闖天下。憑著天份和努力，芭比很快在這競爭激烈的環境脫穎而出，愈來愈多超級名模及知名影歌星指名要求芭比為她們做造型，芭比很快成為時尚界的寵兒。就在1991年，當時她32歲，挾著在時尚界的盛名，芭比先從大地色系的口紅開始，推出以她自己為名的化妝品。

　　芭比的化妝哲學強調單純。具備學院派扎實理論基礎的她，在經歷複雜且高難度的舞台化妝和電影特殊造型訓練之後，加上多變的時尚潮流，她洞悉女性最真切的美感，還是來自於最自然的呈現，才能倍顯美麗與質感。在雅詩蘭黛集團的支持下，芭比的化妝理念很快從美國紐約開始擴散到歐洲的德國、英國等，及亞洲的台、日等地。屬於芭比的彩妝論點，配合實用的上妝刷具，還有實際不浮誇的化妝用品，加上簡單的化妝手法，芭比以簡約又具質感的美學概念，打動全球的時尚界，尤其吸引粉領族和專業彩妝師的喜愛。

bobbi香水

bobbi香水簡單、似有若無，充滿現代感，創造靈感來自於Bobbi「彩妝原創性的觀念」，因為她最喜歡孩子剛洗完澡時，清新、潔淨的味道。所以她把柑橘的清新、綠色植物的淨爽、花卉的浪漫及木質的一絲性感嫵媚，皆融入了這瓶充滿現代女人味的典雅香水。

bobbi香水前段的清新氣息、透明純淨感覺來自於柑橘、綠色植物（如竹葉）、藥草、小黃瓜等材質的精萃，一種令人想親近的喜悅感。

而典雅柔美的中段浪漫香氛，則來自於Bobbi最喜愛的牡丹花、睡蓮和夾竹桃，隱隱撒放著不帶甜味的柔和純淨，充滿東方古典氣息的茉莉及桂花，更營造出含蓄的精緻感。

最後，天然樹木和維吉尼亞香柏的潤飾，加上鳶尾花和廣藿香，則表現出異國情調及神秘感的結合。

有著銀色瓶蓋、綠色飾皮及瓶頸的箭尾戒指圖騰，bobbi香水的經典瓶身有些古典，又結合了現代感的剔透。從香調和瓶身的設計，Bobbi都有一貫的清新純淨、浪漫典雅又性感可人的心情。

清新怡人度★★★☆　甜美可愛度★★☆☆☆　性感誘惑度★★☆☆☆　珍藏價值度★★★★☆

BATH FRAGRANCE沐浴香水

簡約白淨的瓶身，再襯托上以藥劑師為靈感來源的標籤,便是Bobbi Brown所談到的那有如沐浴完的清爽香氣。

這款Bath Fragrance「沐浴」香水，有沉浸在剛沐浴完的清新及舒適感，也帶了點中性香水的個性和特質。

前調為鳳眼蘭與清晨朝露融合樹葉的自然純淨香味，澄花醇則增加了柑橘清新的味道。中調的百合與澄花的花香，調和一點鼠尾草的氣味，讓整體味道如盛開的花束般豐富活潑。後調帶有麝香、木質調的檀香木與廣藿香，讓香水味道更持久，散發溫暖的質感氛圍。

清新怡人度★★★★☆　甜美可愛度★★☆☆☆　性感誘惑度★★★☆☆　珍藏價值度★★★☆☆

1923年，Hugo Boss先生在德國Metzingen小鎮，開設生產男士服裝為主的服裝廠，很快就以精緻專業贏得聲譽。在80多年後，這一家原本規模不大的家族生意，已經發展為時尚王國中的頂級品牌，旗下擁有男女高級服飾、鞋類、皮具、手錶、眼鏡和香水等眾多產品，在100多個國家設有HUGO BOSS精品專賣店。在成立之初，HUGO BOSS的業務僅限於男士服裝、雨衣、制服等。到了家族第三代，即60年代初，公司開始積極拓展國際業務，並不斷拓寬品牌線。1980年代更以「權力西裝」的風潮迅速在男裝市場竄起，BOSS代表男性權勢裝扮的流行，男性們都以擁有一套BOSS西裝為榮。

BOSS

到了1993年，HUGO BOSS轉型創立新品牌：BOSS年輕橘標、綠標GOLF休閒系列，還有更年輕的HUGO系列。在副牌中加入運動、休閒、年輕、變化等元素，這兩個副牌不但重建BOSS的品牌地位，也讓BOSS不再只是陳舊的老牌子。然而經歷多年，HUGO BOSS崇尚的經營哲學依然是為成功人士塑造專業形象。

HUGO BOSS旗下的三個香水品牌有BOSS、HUGO和Baldessarini，分別代表三種不同的氣質和生活信念。HUGO較有活潑運動風，BOSS則屬於時尚紳士風，而Baldessarini偏向熟齡質感品味；不論是服裝、皮具還是香水，都承襲此種歸類。

無論是最早推出的男用香水BOSS NO.1，還是接下來陸續推出的女用香水，都體現出一種簡單又與生俱來的力量，不需刻意營造奢華調性，卻最能打動人心的期望和夢想。當中包含的城市貴族氣質與領導者的典範，皆為其品牌魅力所在。BOSS男用系列香水加上典雅高質感的男裝，一直被視為經典組合。不少名人如阿諾史瓦辛格、湯姆克魯斯、舒馬克兄弟等均為BOSS的愛好者。

essence de femme by BOSS
夜之光采

2008年1月BOSS新推出的Essence de Femme by BOSS「夜之光采」香水，是Femme by BOSS「光采女人」的夜間精華版，完美詮譯女人由白天到夜晚的轉變。保留了白天版Femme by BOSS「光采女人」的特質，又微妙提升基調的深度，產生一股獨特有力的夜之能量。

Essence de Femme by BOSS「夜之光采」是一款充滿女性成熟氣質的香

水，濃縮成分微妙融合了馥郁而雅緻的香味特質，性感在不經意間顯現，代表的是由白天到黑夜蛻變之都會女香。

P&G著名的調香師偉爾·安德魯（Will Andrews）評論：「女人在夜晚會想要使用香味更馥郁的香水來變得更迷人，以便在社交活動上更引人注目。Essence de Femme by BOSS『夜之光釆』正是可完美做到這一點的超級女香。」

前調首先混合柑橘和黑醋粟，散發出充滿甜美的果香，小蒼蘭則帶出清新的花香調。中調表現出女性特質，融合氣味馥郁的白花，包括非洲茉莉、香水百合和保加利亞玫瑰，散發出柔滑甜暖的香氣。基調是由杏樹皮、月橘及琥珀這三種木香組成乳脂般的麝香調，琥珀及麝香調營造出豐富及溫暖的特質，而月橘帶出木質調的香味，散發出更馥郁而成熟的魅力。

圓弧瓶身的紫紅色，創造出更神秘的氣息；而環繞瓶身的銀色logo則營造出時尚感。瓶身及瓶蓋之間獨特的對角線設計，點出了Essence de Femme by BOSS「夜之光釆」的閃耀動人光芒。

清新怡人度★★☆☆☆　甜美可愛度★★★☆☆
性感誘惑度★★★★☆　珍藏價值度★★★★☆

femme by BOSS
光采女性

明亮、柔軟、平滑，BOSS femme「光采女性」淡香精將這些特質融合。開始是柑橘和黑醋栗花蕾的果香前調，並且有著濃厚的麝香基調；還有杏桃、月橘和琥珀，同時混合著非洲茉莉、玫瑰和香水百合三種白花香，留下細緻溫暖的現代女人味。

P&G著名的調香師威爾‧安德魯（Will Andrews）表示，BOSS femme「光采女性」淡香精充滿著和諧、智慧、性感，且保有獨特的自我。保加利亞玫瑰為香味的核心，但創作靈感來自非洲茉莉香味。非洲茉莉花朵的外型是柔軟的螺旋型，在視覺上看來有明亮和平滑的象徵，滑嫩有如鮮奶油花飾。小蒼蘭強化味道並突顯濃厚的麝香基調，就像第二層肌膚一般。

BOSS femme「光采女性」淡香精瓶身的靈感來自光影變化，創造出精緻的女性風華。圓形瓶身代表太陽及其光暈散發的光環，瓶蓋與瓶身獨特的對角線，描繪出一道穿越玻璃結構的光線。femme「光采女性」透明的瓶身讓光線可以自由流過瓶子，並透出其內甜美的淡粉紅色。為什麼是玫瑰般的粉紅色？因為這是充滿活力的顏色，同時也深具女人味，展現成熟、溫柔和純淨的質感。

清新怡人度★★★☆☆ 甜美可愛度★★★☆☆ 性感誘惑度★★★☆☆ 珍藏價值度★★★☆☆

BURBERRY

　　實用與時尚並重的英倫名牌BURBERRY，以獨家的布料、經典的格子圖案、大方優雅的剪裁，贏取各國消費者的歡心。BURBERRY有著傳統英國的個性與品味，以蘇格蘭格紋為精神，由駝色、黑色、白色、紅色組成的四色格紋標誌，幾乎代表英倫風格。

　　BURBERRY是由21歲的Thomas Burberry，一名鄉村布莊的學徒，於1856年在英國Basingstoke開設的旅行用品店所創立。Burberry先生發明了一種斜紋布料，質地防水而且還特別耐用，並於1888年取得專利權。直到今天，Burberry所製作的輕便防水服飾仍是特色，而最有名的服飾便是風衣和格紋毛呢圍巾。

　　Burberry之後於1891年在倫敦的Haymarket開了第一家店，這也是現在BURBERRY集團的總部所在。1901年，Burberry先生被任命為英國軍官設計新制服，BURBERRY的騎士標誌因此誕生，且註冊為商標。

　　1955年，英國女皇選購了BURBERRY風衣，也等於有了授權與認證，從此四色格紋不但象徵英國的傳統，更多了濃濃的貴族氣息，而BURBERRY的經典格紋一直到1968年才開始出現在雨傘、旅行袋和領巾配件上。

但到了90年代，BURBERRY的格紋好像忽然失去了魔力，營業額逐年萎縮，原來代表傳統格紋，成為老舊的象徵，女王選用的印象卻淪為祖母級品味，BURBERRY的品牌形象似乎面臨到考驗。

好在到了1997年，英國大全零售集團Great Universal Stores（GUS）從美國請來精品界的女強人蘿絲瑪莉·布拉芙（Rose Marie Bravo）擔任CEO，重新振作BURBERRY品牌，並在傳統和新世代之間尋找協調的可能性，於21世紀創造出BURBERRY更優越豐富的表情。

BURBERRY更在這幾年陸續推出手錶、童裝、家飾、甚至寵物相關產品，還充實原本即有的香水品項，像是傳統的紅色、駝色和黑色交錯的格紋更是LONDON香水設計主體，而許多週邊的設計也是以此為延伸，成為年輕、品味、時尚的表徵。布拉芙總裁的經營理念是：「要努力、努力、再努力」，並希望未來每個人都可以走進BURBERRY，找到適合的禮物，做到「大家都有BURBERRY，但是每個人還是都想擁有BURBERRY……我希望帶領BURBERRY重生！」名列為世界百大名人的布拉芙充滿信心說出她的夢想，而全球時尚迷的支持也證明她的團隊已做到了！

BURBERRY LONDON

BURBERRY LONDON女性香氛，代表著BURBERRY優雅與摩登兼具的品牌精神。詮譯著一名聰慧女子在世界時尚之都倫敦的生活方式：在精品店林立的龐德街（Bond Street）逛街購物，騎士橋商圈（Knightsbridge）悠閒的享用午餐，再前往泰特現代美術館（Tate Modern）欣賞最新的藝術展覽。 不論出席什麼場合，她的英倫氣質都能從容展現，不落俗套而自然的迷人丰采。

BURBERRY LONDON是一支迷人的花香調女性香氛，溫柔時尚又耐聞。前味清新可人，有克萊門氏小柑橘、英國薔薇、忍冬的釋放；中味有著嬌俏柔嫩的大溪地花朵、牡丹及茉莉；後味則散發檀香、麝香及廣藿香的高雅誘惑。

Dominique Ropion是這一支LONDON女性香氛的調香師。BURBERRY LONDON的瓶身與包裝設計皆出自大師Fabien Baron之手，是時裝及香氛的巧妙融合。BURBERRY格紋織物包覆著香氛瓶，成為BURBERRY精品中不可或缺的配件。而白金色的瓶蓋，更為這支女香增添了幾分奢華尊貴的俐落感。

倫敦男香BURBERRY LONDON FOR MEN則是同款對香的優雅組合，一樣有著格紋織物的外衣包覆，是由Antoine Maisondieu在國際聞名的Givau-dan調香機構調製而成，屬於精緻高雅的琥珀木質香調。

清新怡人度★★★☆☆ 甜美可愛度★★☆☆☆ 性感誘惑度★★★★☆ 珍藏價值度★★★★★

BVLGARI

　　義大利的頂級精品寶格麗BVLGARI以家族事業為起點，源自於希臘北部的Epirus，家族歷史達百年以上。BVGARI於1884年正式創立於羅馬，目前品牌的一半以上股權由家族握有，企業股票也在米蘭和倫敦上市。

　　BVLGARI創始人索帝里歐‧寶格麗（Sotirio Bulgari）原本在希臘小鎮Epirus製造精美的銀器手工藝，19世紀中移居至義大利，並於1884年在羅馬希斯帝那街（Vis Sistina）開立第一家店。1905年時，索帝里歐將店遷移到Via dei Condotti 10號，並借用英國文豪狄更斯一本小說的書名，將店取名為「Old Curiosity Shop」。而他兩個兒子Costantino和Giorgio兩兄弟，也積極研發寶石及珠寶的鑄造和設計，繼承父親的事業。一直到今天，在這地址上的寶格麗羅馬總店代表著她的百年見證。

　　二次大戰後，是寶格麗的一個重要轉捩點。在此期間，寶格麗的設計逐漸跳脫法國學院派嚴謹的規範，融合希臘和羅馬古典主義的精髓，更加入義大利文藝復興時期和19世紀羅馬金匠的形式，創造出寶格麗獨有的風格。1970年代是寶格麗邁向國際化的起始點，寶格麗分別於紐約、巴黎、日內瓦和蒙地卡羅等地設立精品店。70年代也是寶格麗最暢銷的經典腕錶系列：Bvlgari-Bvlgari誕生的年代。

　　1990年代法蘭西斯克‧特朗潘尼（Francesco Trapani）被任命為執行長後，帶領寶格麗進入另一轉捩點，開始推行多元化經營策略。包括香水、絲巾、領帶及皮件等產品的上市，並以Holding Company Bulgari SpA在證券交易市場掛牌上市，將寶格麗更進一步推向國際化的範疇。1993年2月BVLGARI集團在瑞士Neuchatel成立香水總部，同年突破香水傳統限制，推出轟動的「綠茶」香水，引發綠茶香水熱潮。1996年更和全球頂級飯店合作，發展以綠茶香水為主的飯店沐浴保養系列，後續推出大吉嶺茶、茉莉花茶、白茶等系列，成為香水界的熱門話題。

　　BVLGARI 給人印象最深刻的是珠寶，影星蘇菲亞羅蘭（Sophia Loren）也是愛用者之一。這幾年BVLGARI更致力於年輕化，所設計的珠寶更是激發出不同以往的風格，展現獨特設計和素材所表達的精緻成果，再加上茶系列香水的成功，令更多人認識到寶格麗的品味和精神。

AU THÉ ROUGE
紅茶中性香水

在茶葉的悠久歷史中，寶格麗AU THÉ ROUGE 「紅茶」香水提供了令人驚奇的體驗。清柔淡雅的微甘香調，傳遞出耐人尋味的歡愉氣氛，這款優雅的香水因紅茶的韻味更為餘韻長遠。她的深沈芬芳襯托出感性內斂的品味，且以活潑大膽的靈感，調配出這款珍貴、自然和深邃的香味。

大膽的多變調性，調和多種驚奇的芬香，散發出神秘的茶韻。由柑橘和佛手柑混和的強烈香氣，立即帶出紅胡椒刺激的明亮感。緊接著，首次被使用於香水的南非羅布斯紅茶以及中國雲南紅茶，散發出內斂的香氣靈魂。誘人而柔軟的紅茶精華，加入茶樹的漿液後更為厚實，並轉化成胡桃和麝香的深沉香氣，漸漸化為擄獲人心的高雅餘香。

「紅茶」香水瓶身柔和的外型和精緻的細節，透明感與光亮度交互的流轉，顯出現代感濃厚的設計，輝映出香氣的獨特風格，其優雅美學代表著中性的現代奢華風尚。

清新怡人度★★★★☆ 甜美可愛度★★☆☆☆
性感誘惑度★★☆☆☆ 珍藏價值度★★★☆☆

Omnia Améthyste
花舞輕盈

寶格麗的花香調香水Omnia Amé-thyste「花舞輕盈」香水，設計靈感來自於義大利文藝復興時期的繪畫，充滿細緻而鮮明的用色和高雅珍貴的氣息。鳶尾花是16世紀畫作中常見的主題，鳶尾花根是香水調製中的重要素材，但是鳶尾花香的使用卻十分罕見。因此鳶尾花香是 Omnia Améthyste 創作的主題。用自然的技術萃取花香，加上獨特的木質調，搭配天然的保加利亞玫瑰，讓鳶尾花香呈現不同風貌。

Omnia Améthyste在香氛的表現上清新有活力，木質基調加上紅葡萄柚香味的點綴，讓人充滿朝氣，香氛的表現也更為澄明。中調的保加利亞玫瑰和鳶尾花香則是香水的主調，鳶尾花雅緻、獨特的果香，加上保加利亞玫瑰絲絨般的脫俗香氣，形成最巧妙的組合。這個

清新怡人度★★☆☆☆ 甜美可愛度★★★☆☆
性感誘惑度★★★★☆ 珍藏價值度★★★★☆

獨特、感性的香氣會慢慢融入溫暖的基調，溫和清淡的紫草香加上濃烈的木質調，令人難以抗拒。

Omnia Améthyste瓶身靈感源自於紫水晶，彩虹般的弧形線條，巧妙映射出從靛藍、淺紫到深紫色的光芒。錢幣造型的光滑瓶身，圓弧型相交的輪廓，將Omnia Améthyste獨特的時尚元素發揮到極致，彷如一件經典的珠寶，恰似寶格麗的品牌原始精神。

Rose Èssentielle 玫瑰花香水系列
Eau de Parfum 馥郁玫瑰 &
L'eau de Toilette Rosée輕甜玫瑰

　　醇厚而性感的Rose Èssentielle「玫瑰花」香水，細膩迷人又優雅高貴，兩款Eau de Parfum「馥郁玫瑰」香水和L'eau de Toilette Rosée「輕甜玫瑰」香水，皆使用香水界最尊榮華貴的玫瑰花種組合，包含奧圖曼玫瑰及Prelude玫瑰兩種玫瑰花。

　　「馥郁玫瑰」香水華貴的香調慢慢揮散，果香豐富、輕挑人心，前調以散發佛手柑的活力香調融合橙花風味，再加上黑莓溫醇的果香及紫羅蘭葉片的芳芳，引出令人煥然一新的絕佳感官享受。中調則以濃郁的奧圖曼玫瑰及持續散發芳香的Prelude玫瑰，兩者之間完美的協奏，交融了茉莉花細膩的清香及含薑草的醒味，將玫瑰香水的氛圍帶出後，從而轉入寧靜的結尾絮語。後調有檀香的濃郁、廣藿香的性感，顯露出驚喜的迷人靈魂。

　　而「輕甜玫瑰」香水則以檀香、廣藿香及麝香的和順做為微妙的休止符。兩者皆有著摩登的完美和自然的感性，濃淡間自有細微巧妙之分。

　　「玫瑰花」香水的瓶身及包裝設計，透過金屬色及典雅淡粉紅色的細膩交織，展現出香水細緻高貴的純粹。瓶蓋和外包裝皆有寶格麗品牌經典的BVLGARI．BVLGARI 雙logo銘刻。

清新怡人度★★★☆　甜美可愛度★★☆☆☆
性感誘惑度★★★★☆　珍藏價值度★★★☆☆

Calvin Klein是美國第一大設計師品牌。創始人卡文克萊Calvin Klein 1942年出生於美國紐約，1968年以自己的名字Calvin Klein創立品牌。他本人即是一名完美主義者，所設計的服裝、家飾、香水等，都屬簡約風格。除了線條簡潔，顏色的表達多為黑、灰、白、卡其色，純以剪裁取勝，在Calvin Klein的創意領導下，展現紐約的清新時尚風格。

Calvin Klein自孩提時代便夢想成為服裝設計師，而且還很厲害的無師自通，學會了縫紉的功夫。大學時進入美國著名的服裝學院 Fashion Institute of Technology（FIT）就讀，可說充分的學以致用，畢業後遇上兒時玩伴Barry K. Schwartz，合資共同組成Calvin Klein, Inc.。

自從廣告代言人布魯克‧雪德絲（Brook Shields）穿著緊身牛仔褲，對著鏡頭說：「我和我的Calvin Klein之間，什麼都沒有。」的宣言後，運用廣告的強烈視覺印象，便是Calvin Klein傳達每一季主題的獨特手法。純淨、性感、優雅是Calvin Klein的恆久訴求，外加品牌的全方位發展也是時尚版圖日益壯大的因素，從內睡衣、家飾、副牌、Jeans系列等，各有完整的經營策略，同時還照顧到青年人的需求，倡導無性別香水和一般的牛仔服裝。

Calvin Klein已在時裝界縱橫30年，享有頂尖盛名，並被認定是當今美國時尚的代表人物之一。然而在2002年底，Calvin Klein將經營權正式出售給Phillips-Van Heusen集團，設計重任分別交至女裝設計總監Francisco Costa和男裝設計總監Italo Zucchelli的手上，並將與Windsong體育公司合作，共同研發男女系列的高爾夫服裝和飾品，重新打造多元的Calvin Klein時尚王國。

ck IN2U

原本ck one的概念來自於與群體的聯繫，ck be則傳達與本我的連結，

而ck IN2U，是你與另一個他（她）的牽引，定義「科技世代」的風味。ck香水總是像社會觀察者般，捉住對的時間點，推出引起話題的創意。

ck IN2U男女香氛，以翱遊於虛擬網路空間的新人類為發想，捕捉YZ世代的魅力，這也是第一次ck香水不再男女共享，

而是為他與她,各設計出的一組香氛。自然、性感、聯繫,為其中的精神。

正因為男香與女香的不同,更激盪出更迷人的火花,獨特互補的香味,勾勒出成雙成對的微妙關係。

ck IN2U 給她
自然、誘人的柑橘花香調

ck IN2U女性香氛,前味以粉紅葡萄柚、西西里佛手柑、紅醋栗葉,誘引你的嗅覺;接著令人垂涎欲滴的砂糖蘭、白仙人掌傳達可喜的美味;而可口的香草舒芙蕾、霓虹琥珀牽動的思緒,伴隨著性感而喜悅的餘韻。

ck IN2U 給他
魅力、隨性的柑橘東方木質調

ck IN2U男性香氛,以萊姆琴酒、柚子葉、冰霜橘欒果混合著可可亞、紅色柿子椒、紫蘇葉,有著活潑氛圍,加上清新冷麝香,白西洋杉、香根草,能振奮身心,是一款充滿元氣的香水。

ck IN2U承襲ck one的簡潔與實用設計,白色軟塑膠包覆著厚實的玻璃瓶,時尚的瓶身設計融合數位時代的概念。ck IN2U的字體刻劃,讓香水的色澤能隨著光線移動透映出光芒。瓶底基座則以煙燻藍灰色的男香,對映著淡金色的女香。ck IN2U外盒的金屬光澤,更增添整體前衛摩登的氣息。

清新怡人度 ★★★☆☆ 甜美可愛度 ★★★★☆ 性感誘惑度 ★★★☆☆ 珍藏價值度 ★★★★☆

ck one

「ck one反映了多變的世界及消費層，並向香水市場的規則挑戰。ck one是簡單的商品，了解每個人的需求且唾手可得。」──Calvin Klein

中性香水ck one不同於其他香水，純淨自然，代表獨特的香氛觀點。香味清新，包含一抹綠茶香，散發舒暢愉悅的感覺。它是一種代表親密的香水，因為要靠近才能體會到它的存在，正是性感與感性的平衡點。

ck one誕生於1994年，包裝和設計是針對男性和女性而設計。而一系列玻璃瓶或鋁罐包裝，代表ck one的簡約特性，皆可以再回收，充分符合環保意識。ck one系列產品包裝簡化精要，以100%可回收的折疊式瓦楞紙盒（含20%的再生材料）包裝且沒有上膠，也無多餘的裝飾。

ck one的香味是純淨與樸實的，初步的印象可以感覺到佛手柑、荳蔻、新鮮鳳梨及木瓜的香甜。中調馥郁的香氣包含從茉莉花中提煉出的香氣，另外還有鈴蘭、玫瑰以及肉荳蔻的香味。麝香和琥珀香則有著回味的深度。

1996年推出的冥黑色瓶身ck be 中性香水，則是柑苔果香調，表現屬於個人的溫和風格，傳達個人與本我的連結意念。

清新怡人度★★★★☆　甜美可愛度★★☆☆☆　性感誘惑度★★★☆☆　珍藏價值度★★★☆☆

euphoria
誘惑

「euphoria像是一趟沒有界線的幸福旅程，
隨著全新發現的自由領航，
朝向實踐自己的夢想而前行。」— Calvin Klein

euphoria「誘惑女香」是款沉醉奢華
的東方調香氛，能襯托出異國果香味、誘
惑的花香味，以及馥郁奶香味對比的時尚
香氛。

Calvin Klein與設計大師Fabien Bar-
bon一起合作，將euphoria「誘惑女
香」構思成感官享受的現代化詮釋 — 嫵
媚、性感、優雅。

瓶身的弧度就像是融於掌心的光滑曲
線，相當具有流線感。光潔的瓶身曲線與
奢華的拋光結構，無異是精緻典雅的充份
表達。透過清澈玻璃的曲弧面，紫水晶色

澤的香水格外突顯，玻璃是由一層貝殼狀
的拋光鋁金屬所包圍。

香氛前調帶出了蠱惑感官的石榴味、
多汁的柿子味，以及充滿生命力的青翠綠
味。透過馥郁的紫蘭花味、清新的蓮花味
以及感性的白蘭花，中調傳遞出神秘以及
興奮的氛圍。後調是由性感的水琥珀味、
桃花心木味與誘人的紫羅蘭花味，搭配
麝香味與令人上癮的乳脂香味，持久而突
出。euphoria「誘惑女香」是一款展現
獨立、自信、性感的奢華調女香。

清新怡人度★★☆☆☆ 甜美可愛度★★★☆☆ 性感誘惑度★★★★☆ 珍藏價值度★★★★☆

Miss Rocaille
霍卡兒小姐

Miss Rocaille「霍卡兒小姐」淡香水是屬清新花香調，也是CARON女香中頗被喜愛的清甜香味。它有兩位不同世紀的名女人愛用者，一位是巧克力美人碧昂絲（Beyoncé），另一位則是亂世佳人的女主角費雯麗（Vivian Leigh），顯見其深刻的魅力。

Miss Rocaille霍卡兒小姐的香息清雅純淨又活潑溫柔，好比一串經典的神奇花束，同是古典與當代的美麗感官見證。

香調融合越南羅勒葉、橘子花果香的柑橘風采；中味是柔媚的水蓮花香、河谷綠百合和一抹海水霧氣；後調以阿月渾子樹加白麝香的氣息，令整體香調散發與眾不同的特殊氣息。

POUR UNE FEMME DE CARON
CARON女人香

2001年POUR UNE FEMME DE CARON「女人香」淡香精誕生了。她的香味屬花香柑苔調，想像一個女人躺在佈滿玫瑰花瓣的床上，被神秘乳香、性感安息香脂與琥珀的美麗氛圍包裹著，所展現的浪漫媚惑。

這款精質限量香水，瓶身是一座特別的藝術品，猶如展現女性曲線的精緻獎盃，傳達女人純潔的力量和柔美的弧度。最有趣的是這款香水並無位在頂端的噴頭，反而是隱密的藏在頂座，也是一種十足表現低調且雅緻的創作方式。

ALLURE SENSUELLE

　　泛著琥珀色的色澤，帶著一抹紫色調的嫣紅亮漆，香奈兒的ALLURE SEN-SUELLE香水具有6個切面的嗅覺結構，讓清新調、永恆花香調、果香調、木香調、東方調與陽光辛辣調宛如鑽石般永恆綻放著。這是具有「香奈兒的鼻子」之稱的專屬調香師賈克・波巨（Jacques Polge），從法國女星安娜・莫格拉莉絲動人心弦的磁性嗓音擷取而來的靈感。

　　香奈兒ALLURE SENSUELLE訴說永恆的鑽石6面香味結構，進入耐人尋味的嗅覺之旅，以下是流轉的香調歷程：

東方調：比原本的ALLURE香水更加圓潤、溫暖，醇厚的基調結合原有波本香根草、琥珀廣藿香與性感香調。

清新調：在佛手柑和柑橘的檸檬木香調的妝點和陪襯下，既明亮又柔和。

永恆花香調：是玫瑰（土耳其和保加利亞玫瑰）與茉莉（印度和埃及茉莉）交纏中展現出來的誘惑氣息，同時還加入鳶尾花精油。

果香調：來自西西里島的柑橘，有著熱情甜果香。

木香調：海地的香根草，保持一種內斂的低調。

陽光辛辣調：以薰香和粉紅胡椒組成，蘊含東方神秘與靈巧。選擇薰香極清淡細緻的香調，是為了讓香味有深度柔美感，粉紅胡椒則清新又令人覺得生氣蓬勃。

清新怡人度★★☆☆☆　甜美可愛度★★★☆☆　性感誘惑度★★★★★　珍藏價值度★★★★☆

CHANCE

2002年，Chanel的CHANCE香水誕生，揉和花香、清新、感性等驚喜香調，彷彿愛情乍現在靈魂深處，令人神迷激盪。Chanel也是Chanel史上第一款圓形瓶子的香水，以清新花香為主調，動態的香味層融合風信子、白麝香、柑橘果、鳶尾和琥珀廣藿香，散發陣陣甜美之餘，也帶有感性及熱情的氣息。此外甜美與辛辣交織的嗅覺體驗，表現時尚感和現代女性朝氣及果斷的一面，CHANCE擺脫一般前、中、後味的固定形式，讓自己甜美氣質充滿活躍和驚喜。

圓的瓶身加上粉紅色包裝，有別於Chanel以往經典香氛的方形瓶身，代表內在渾圓，滿是動力、性感和澎湃的創意，也為Chanel香水寫下全新的一頁。

清新怡人度★★★☆☆　甜美可愛度★★☆☆☆
性感誘惑度★★★★☆　珍藏價值度★★★☆☆

CHANCE，可以解釋成機會、命運，同時也是法文「好運」的同義詞，由充滿生氣、天真無邪、明亮活潑的CHANCE香水綠色氣息版（CHANCE EAU FRAICHE）來詮釋，以香口、柚木等調性為主軸，散發出行星般繞行的香味結構。

在CHANCE綠色氣息中，獨樹一格、新鮮且性感兼具的香味，同時擁有女性與男性的特質：清新、辛辣、木質等精粹，經過全新詮釋後得以重現。外觀上，讓極為純淨的瓶身結合嫩綠色液體，與玻璃、金屬材質相呼應。香奈兒認為，香水不再只是一種誘惑的媒介，而是一種可以直接讓自己快樂的方法。CHANCE綠色氣息版，表現出一種絕不妥協的本色，十足的膽識、懷抱著樂觀主義，正如同香奈兒女士本人一般。

身為香奈兒第三代的調香大師：賈克‧波巨賦予這瓶香水的香調結構，讓所有成分彼此互相呼應，幻化出加乘的香味驚奇：香口香調首先揭開序幕、襯著白麝香的沉穩氛圍，迎接象徵春天的綠色風信子，調和原本濃郁的茉莉花香氣。而全新的柚木、琥珀、廣藿香和海地香根草所組成的木香氣味（70年代廣為流行的香味），則飄蕩在基調中，給人生氣蓬勃的能量感受。一切意想不到的清新嗅覺，都在香奈兒CHANCE綠色氣息版中，逐一得到釋放。

清新怡人度★★★☆☆　甜美可愛度★★☆☆☆
性感誘惑度★★★☆☆　珍藏價值度★★★☆☆

Les Exclusifs香水系列

香奈兒畢生最珍貴的11個回憶，以獨一無二的香味經典詮釋

看似完全相同的香水瓶，以全然純粹的型態，展現奢華簡約風格。收納稀有的香水氣息，包括過去香奈兒專屬調香師恩尼斯·鮑（Ernest Beaux）為香奈兒女士創作的經典作品，以及現代香奈兒調香大師賈克·波巨（Jacques Polge）的創作。重現經典時光，在時尚之外看見更深層的香奈兒，更完整的香奈兒。

1920年代，N°5的專屬調香師恩尼斯·鮑與香奈兒女士，將N°22、Cuir de Russie「俄羅斯皮革」、Gardenia「栀子花」與Bois des Iles「島嶼森林」等香水組合推出了confidential香水系列，因而開啟了CHANEL「BOUTIQUE PERFUME」全新扉頁。現今，CHANEL專屬調香師賈克·波巨在歷經數十年探索香奈兒女士的歷史與風格後，也繼續傳承了這個傳奇。

這兩者之間唯一也是最重要的連結，便是香奈兒女士本人，獨特、個人化的詮釋，揭示香奈兒女士許多不同的面貌。每一款香水，都是一個故事的開端……

11款詮釋CHANEL生平珍貴回憶的香味

N°22

沉浸於層層鮮花中，沐浴於花瓣之間。這款香水於1922年創作，與1921年推出的N°5香水有些不同，N°22的香氣有豐富的優雅氣質，也有大膽的一面：乙□在這股白色花香中展現力量，釋放出夜來香的花香，彷彿像是身體散發出無止盡的性感與誘惑的香氣。

香調：花香調
主體香味：夜來香

栀子花 GARDENIA

香奈兒女士鍾愛白色花朵，細緻且感性。然而象徵她專屬標誌的山茶花，屬於沒有香味的花材，香奈兒運用極為類似卻充滿濃郁香氣的栀子花，讓這種夢幻的綠色香調徐徐釋出。這是直接來自大自然的香氣：被

露水濕濕的誘人葉片、如奶油般細緻的花瓣、散發著香草的迷人氣味。

香調：東方花香調
主體香味：水仙、茉莉、五月玫瑰、紫羅蘭、椰子、香根草、以香草軟化並加深甜味

島嶼森林 BOIS DES ILES

時光回到1926年，香奈兒女士與調香師恩尼斯鮑以Bois des iles香水寄情於遠方的國度。島嶼的氣息全都包含在裡面：珍貴的林木、鴉片的味道及美艷的花朵。人們正致力探索內心的靈魂層面，同時也盡情狂歡舞蹈。非洲，成為紡織布料、珠寶與家飾擺設的靈感泉源。這是一股充滿神秘氣息的香水，極具異國風情，彷彿踏上了遙遠且神秘的旅程。

香調：木香調
主體香味：檀香

俄羅斯皮革 CUIR DE RUSSIE

蘇俄帶給香奈兒女士畢生難忘的一位戀人：迪米崔大公爵（Grand Duke Dimitri），且為她介紹了出生於莫斯科、才華洋溢的香水大師恩尼斯鮑。1927年，香奈兒女士與他共同創作出Cuir de Russie「俄羅斯皮革」。穿越漫長的麝香、煙霧瀰漫的氣息，引領嗅覺進入狂野卻優雅的感動，散發樺樹皮油曬後的皮革及金色菸草凜冽的神秘香調。

香調：木質花香調
主體香味：東方茉莉屬植物、樺樹、麝香

綠色氣息 BEL RESPIRO

香奈兒女士的第一間房子Bel Respiro，完美傳達出她對簡單事物的喜愛。這是她1920 年在巴黎郊區Garches購得的住所。在當時，巴黎人視此為「草原上的天堂」。為了描繪這樣的情境，賈克波巨以充滿清新與細緻風味的香水，結合日曬後的綠地香調、壓碎樹葉香氣等，表達這種內心喜悅的幸福。

香調：綠花香調
主體香味：樹木、草地

康朋街31號 31 RUE CAMBON

康朋街31號是香奈兒女士世界的中心，一個能完美呈現她喜愛巴洛克藝術與簡單事物的地方。複雜的香味組合來自：美麗的旭蒲鶴香，能在香水中捕捉住這種既繁複又儉約的矛盾情懷，結合了感性與優雅的神秘氣息。彷彿是戀人間有力且真實的約定，令人感到心安。

香調：木質花香調
主體香味：溫和木香、素心蘭

法式別墅 28 LA PAUSA

La Pausa是香奈兒女士於1928年自己興建的別墅，位於Roquebrune村落之上。整體設計極為優雅、且有來自童年修道院中圓柱般的設計，配上令人賞心悅目的綠色木板套窗，能

從中看見遠方的義大利海岸。希望透過此香水展現奢華與簡約的賈克波巨，運用鳶尾花香味的所有層次，設計出充滿對比的芬芳香氣，既亮眼又顯神秘、簡單卻奢華、僕質卻不失活力 。

香調：花香調
主體香味：鳶尾花

N°18

方登廣場18號（18, Place Vendôme）是極具象徵性的地址，也是香奈兒女士珠寶生涯的立足點。在此，世界上最精緻、最美麗的珠寶展現出全新生命，每次的設計都令人驚喜並絕對超越以往，N°18這款香水就如鑽石般的耀眼光芒，閃亮且令人無法忽略。圍繞在芙蓉香氣中並加上萃取出來的黃葵種子味道融合一起，令人訝異其豐富香甜的氣味。

香調：木質花果香調
主體香味：黃葵種子、芙蓉植物

清新古龍水 EAU DE COLOGNE

香奈兒女士是第一位將運動與均勻體態帶入時尚概念的設計師。在她1929年的作品中，她推出戶外專屬的化妝品及EAU DE COLOGNE「清新古龍水」，這是自18世紀以來吸引最多男性的香氛，一開始就被廣泛使用，賦予肌膚清爽觸感。在賈克波巨的創思下，這種創新且受歡迎的香味，以新的形貌在香奈兒的世界裡綻放出來。洋溢著柑橘活潑的清香與澄花油的柔軟，共生出這款亦動亦靜的稀有香氣。

香調：柑橘調
主體香味：柑橘類、 佛手柑、 橙花油

東方屏風 COROMANDEL

還有什麼香味能夠搭配香奈兒女士公寓內收藏，讓她感到無比快樂的黑色亮漆屏風？風格獨特的神秘東方香調，以乾燥的香調打斷琥珀的香氣，最後以漫長、壓抑卻豐富的氣息，呈現圓融與柔軟的一面。

香調：東方木質調
主體香味：東方樹木、安息香、乳香

2008年新款
梧桐影木 SYCOMORE

2008年，香奈兒再推出一款純粹簡約、雋永不凡的木質調香氛「梧桐影木」（SYCOMORE），早在1930年代，香奈兒女士就曾構想一款獨特的「木質調」香水，一種能增添香水神秘感與持久性的香調。於是，她設計了一個有著斜邊與圓形小瓶蓋的瓶身、放在一個淺色木盒中、稱為「SYCO-MORE」的香水。雖然這瓶香水的壽命沒有其同名植物梧桐木來得久，但卻銘記在品牌的歷史頁面，以不同方式傳誦著這個故事。

N°5

N°5是CHANEL的第一瓶香水，於1921年所創。她是第一款合成花香調香水，靈感來自花束，融合奢華與優雅，並且具有勇敢與大膽，打破傳統的精神。

N°5的名字還有一個小故事。據說當時巴黎香水界的「名鼻」恩尼斯鮑研製了多款香水樣品，讓CHANEL女士挑選最合她心意的一款，她挑了第5款，並把她的幸運數位N°5定為此款香水的名字。早期N°5僅保留給Chanel的最佳客戶。到了1930年，Chanel特邀當時的著名攝影師Horst為No5的瓶身拍照。1953年，No·5成為第一個使用電視打廣告的商品。

在香奈兒N°5系列中，香精是1921年的原創配方精確複製而成。嚴格來說，目前共有3種不同的N°5香精變化版：

香水（Eau de Parfum）為賈克波巨於1986年所創作。這是調香師為了填補大家都熟悉的淡香水和香精間所缺的一環而製。N°5基調之一的香草調，在這款香水的花香調中湧現，將整體的香氣浸浴在一股甜美的光芒中。

淡香水（Eau de Toilette）為恩尼斯鮑於1924年所創作，巧妙的配製檀香木調的溫柔擁抱。在花香不可避免的消散之後，檀香木香調則持續徘徊留戀。在所有的變化版中，淡香水最為人所熟知也最受歡迎。

N°5誘惑精油（Sensual Elixir）為21世紀的首款N°5化身。2004年底上市，這款賈克波巨的作品以輕盈的液態凝露，重新詮釋N°5，讓肌膚感受到無比的愉悅。它極具現代感的凝露質地不能用來噴塗，而應輕點於脈膊處，持久的香氣才能更有效且完美地擴散。這款商品中，N°5為它的珍貴花香帶來一抹青春氣息，散發更清新宜人的氛圍。

就某方面來說，N°5的可能性就像巴哈變奏曲般地無限多樣，例如賈克波巨將二氫茉莉酮酸甲酯（hedione）帶進了N°5誘惑精油中。「那是在所有現代香水中，一款幾乎沒有氣味的產品，」他說:「但它擁有神奇的力量，極佳的強調出香水配方組合。這個成份也賦予現代香水一種清新和透明的面相。」

N°5也是愛情的見證！在一次大戰後，

等著買N°5香水回去送給愛人、妻子當做禮物的士兵們排滿在香奈兒精品店前。而瑪麗蓮夢露裸睡時只滴幾滴N°5的經典宣示，更著實把性感和N°5拉上等號，跨越近乎一世紀的N°5，以愛情、冒險、勇氣為主軸，詮釋N°5賦予新時代女人的價值觀。

清新怡人度★★☆☆☆ 甜美可愛度★★☆☆☆ 性感誘惑度★★★☆ 珍藏價值度★★★★☆

CHANEL N°5所有的No1：

※ 第一瓶以方正、幾何線條當作瓶身的香水
※ 第一瓶以格拉斯玫瑰製成的香水
※ 第一瓶擁有專屬花田當作原料的香水
※ 第一瓶擁有最多巨星如：瑪麗蓮夢露、妮可基嫚、凱薩琳丹妮芙背書的香水
※ 第一瓶以數字命名的香水
※ 第一瓶有代言人的香水（CHANEL女士本人）
※ 第一瓶採用手工蜜蠟彌封的香水（至今依舊）
※ 第一瓶採用最多花材種類製成的香水（共80餘種）
※ 第一瓶與時尚結合的香水

No°19

　　如同創造者香奈兒女士一樣，N°19代表的是自信、充滿活力、永不落俗套的精神。以茉莉、氣味鮮明的西洋杉以及感性優雅的檀香木，譜出清新的綠色木質花香調，創造出No.19的時髦香氛。今天，香奈兒的No.19香水仍繼續維持對這位當代設計師、一代革命者，以及一位風華絕代的女性的禮讚。

　　N°19於1970年由亨利‧羅伯為香奈兒女士而創，由於她的生日為8月19日，故成為香奈兒另一個聞名遐邇的數字。

　　這款花香－木質－苔癬調的香水，具有讓人既驚嘆又大膽的組合，已成為香水師個人水準的指標。適合那些既溫柔又堅強、具有魅惑力的反叛氣質女性；展現出生命中的勇敢與創新、樂觀與快意。

　　N°19具有強烈的個性活力，嗅覺組合是白綠協調的完美平衡，具有如磁鐵般誘人的熱情。開瓶香味的歌頌是綠色花香調，有著格拉斯的橙花與白松香；主體的花香調擁抱著尊貴的五月玫瑰、佛羅倫斯的鳶尾花、水仙；後味的持續木質香味則為苔癬調，有維吉尼亞西洋杉與橡樹苔。

清新怡人度★★★★☆　甜美可愛度★☆☆☆☆　性感誘惑度★★★☆☆　珍藏價值度★★★☆☆

COCO Mademoiselle 摩登COCO

2001年，香奈兒創造了COCO Mademoiselle「摩登COCO」香水，這款由賈克波巨創作的香味，以西西里島柑橘和加勒比海佛手柑等清新東方調揭開序幕，承接晨間玫瑰與東方茉莉的柔美花香，再由感性的廣藿香、香根草與白麝香，娓娓道出一位都會女性亦剛亦柔的時尚表徵。

彷彿是一種角色跨越催化劑，「摩登COCO」香水挑起感性與慾望的微妙連結，是一種強烈、極富當代個性的嗅覺呈現。賈克波巨只挑選最珍貴、稀有的原料來製造香水：茉莉與五月玫瑰精華蘊含著躍動般節奏，在佛羅倫斯鳶尾花襯托下令人驚艷。泛著琥珀淺橙色的香水，經由透明玻璃彰顯出來，加上高貴金色的霧面玻璃裝飾著，十足感性迷人。這是一款極簡卻又成熟的味道，將不容置疑的反映出香奈兒象徵的絕對風格。

清新怡人度★★☆☆☆ 甜美可愛度★★★☆☆ 性感誘惑度★★★★☆ 珍藏價值度★★★★☆

摩登COCO巴黎康朋總店限量收藏版
全球限量的「摩登COCO」晚宴包香精與頂級精品香精，彷彿高級訂製服般，將山茶花白色調與奢華優雅的金色調完美結合，精品級的時尚包裝，展現當代性感魅力，讓香水成為個人專屬時尚配件！

摩登COCO行動香水
「摩登COCO」行動香水，是香奈兒女士配件藝術的入門商品。宛如精品的時尚包裝與山茶花白色調可以輕巧地收納於口袋、皮包中，隨時展現清新、甜美的優雅魅力。

摩登COCO香精
摩登COCO香精，包裝在閃耀著珍珠光澤的白色盒裝中。一款擁有優雅清新的明亮共鳴，同時散發強烈誘惑魅力的香水。

摩登COCO香水
「摩登COCO」精確的花香調，勾勒出一位現代、 時髦、清新、感性、優雅的女性形貌，同時兼具藝術性、知性與絕對的性感。是對她所處時代與生活完全自適的一位現代都會女性。

摩登COCO淡香水
更年輕、更俐落、更時髦。「摩登COCO」噴式淡香水，擁抱香水現代、簡單的精神。簡化的設計、獨特的比例、輕盈的輪廓線條，襯托出深具活力的都會女性特質。

Rococo是指1700-1789年，法王路易十五到法國大革命間，那段浮誇堆砌的時代，舉凡建築、裝飾、家具、繪畫，到音樂、生活、打扮等，盡是粉彩色調，用了大量的弧線，繪上伊甸園般的景物圖，無一不裝飾得美輪美奐，洋溢一種奢華美好的浪漫氣氛。

看過關於法國瑪麗皇后生平的電影「凡爾賽拜金女」，便知那時代女人的束衣（Corset）真是美麗又殘酷。而今日的胸衣設計跟瑪麗皇后那個Rococo年代一樣漂亮，可口的顏色、蕾絲皺褶、蝴蝶結花邊及雪紡的奢華，一樣令女人動心，但剪裁舒適好幾倍，人人都可成為Rococo皇后。

走Rococo風的法國內衣教母Chantal Thomass自1975年創立品牌，但她個人的設計生涯始於60年代末期，且一向掌握設計感和商業元素的平衡。從出道即做女裝設計的她，幾乎一直都是大型時裝百貨的寵兒，像是法國女星碧姬‧芭鐸（Brigette Bardot）便是她的忠實客戶。

不過在90年代初，Thomass品牌因日本財團的介入而有所變化，Chantal Thomass在這期間則在Victoria's Secret、Rosy和Wolford公司擔任顧問，99年她在著名內衣品牌DIM的投資下，取回商標權並重新成立Chantal Thomass，成為高級內衣品牌之一。

Thomass是第一位將造型束衣跟性的聯想，轉化成優雅、有趣但又純真內衣風格的人，高超的包裝功力，將品牌的時裝形象打造得更突出。

另一方面，她又不停利用媒體提升品牌形象。2001年也在法國馬賽的時裝博物館舉辦一次作品展，將她設計過的230件內衣作品以時裝形式展覽。又找來著名的女性時裝攝影師Ellen von Unwerth打造每季的宣傳照，讓品牌注入更多女性觀感。亦出版了《解密Chantal Thomass》（Femme selon Chantal Thomass）書籍，貫徹她的時尚觀。

著名時裝設計師Thierry Mugler曾說，Chantal Thomass是一位既擁有智慧，又敢於探索性別世界的女性。她的設計充分流露出極豐富的幽默感和靈活度。她重新塑造長襪及花邊蕾絲給予人們的刻版印象，並推展高級內衣的品味和風格。在歐洲高級內衣專門店Lingerie Philosophy旗下的品牌中，Chantal Thomass以自己為名，帶領人們進入了法國內衣的夢幻與驚喜。

Et Plus si Affinités
粉紅情挑

在香水的世界中，Chantal Thom-
ass繼Ame Coquine 迷戀女性淡香水
之後，甜美嬌俏的et Plus si Affintes
「粉紅情挑」女性淡香水則是另一款充
滿誘惑的香水。摻和著石榴、葡萄柚香
與水梨天然的水果香味，又帶有一絲絲
的輕挑，使人無法不注意。調和著小蒼
蘭、茉莉與粉紅水仙的花瓣，散發出更
亮眼，清新的氣息，麝香與檀香帶有柔
和的獨特香氣，青春而充滿神秘。

瓶身運用誘惑人心的女性貼身衣物來
表現，引人遐思的粉紅薄紗吊襪帶扣住
了Chantal Thosmass 絲襪，誘惑的意
念鮮明卻又可愛有趣，整體感覺便像是
一款俏麗的高級內衣。

清新怡人度★★★☆☆　甜美可愛度★★★★☆
性感誘惡度★★★★☆　珍藏價值度★★★★☆

Chopard

蕭邦（Chopard）總部位於日內瓦，是精品鐘錶的主要指標之一。回溯至1860年，路易·尤里斯·蕭邦（Louis-Ulysse Chopard）在瑞士建立工廠，以生產高度準確性的口袋型計時器為主。他的巧思加上專業，令產品大受好評。值得一提的是，瑞士鐵路公司亦慕名而來，打算請蕭邦擔任主要供應商之一，從此鐵路公司的服務則因火車的低誤點率被人稱許。

隨著專業地位的奠定，蕭邦鐘錶的需求量和銷售量皆向上成長，於是公司決定開始設計鑲嵌寶石的手錶，並將工廠遷移至鐘錶業的龍頭之都日內瓦。

幾乎在同時，也就是1904年，德國籍的卡爾·薛佛樂（Karl Scheufele）創立了艾茲卡（ESZCHA）公司，並於1964年買下蕭邦的鐘錶品牌，正式開始生產手鐲及鑲嵌寶石的手錶。普佛茲翰擅長珠寶設計，而日內瓦方面則以製錶著稱，蕭邦錶成功的祕訣，完全在於彼此的相輔相成。在尊重瑞士的精雕細琢和注重細節的基礎下，蕭邦錶結合彼此的優良傳統，已成為舉世知名的廠牌，除結合大師級製錶師傅和珠寶設計師的技能與經驗，並且不斷追求新穎的設計。其中以表框內飾有滑動鑽石的Happy Diamonds系列聞名於世，另外再加上時尚配件如眼鏡、香水、絲巾、項鍊、戒指及瓷器餐具等，多樣化的選擇，令蕭邦不再只是鐘錶品牌，更是精緻時尚的先趨。

Wish Pink Diamond 粉紅心鑽

瑞士鐘錶珠寶品牌Chopard一向以精細的工藝技術與優良的品質著稱，知名的Happy Diamond系列推出「會動的鑽石」，令鑽石在奢華高貴之外的定義下，更在手錶、珠寶的表現上，增添動感與歡樂的氣息。

2005年Chopard針對亞洲市場設計了Chopard Wish Pink Diamond－粉紅心鑽女香，將充滿浪漫氣氛的粉紅花香與晶瑩閃耀的鑽石瓶身結合，創造出有史以來最「香」的一款「大鑽石」。值得一提的是粉紅心鑽的迷你瓶，完全依照正品香水的造型與材質等比縮小，特別顯的精緻可愛。

粉紅心鑽屬於輕柔的花果香調，包含前味的橙花、梨、柑橘，洋溢著十足典雅和青春；中味有著玫瑰、杏子、蕨床科植物，還有小蒼蘭的柔美；再加上後味的檀木、龍涎香、麝香的木質香調，令整體香味呈現出一股華麗又輕巧的高貴，適用於春夏較正式的場合。　清新怡人度★★★★☆　甜美可愛度★★★☆☆　性感誘惑度★★★★☆　珍藏價值度★★★★☆

PINK DIAMOND

WISH
Chopard

Davidoff

　　Zino Davidoff於1906年出生於沙俄基輔，現為烏克蘭的首都。父親亨利（Henri Davidoff）為猶太裔煙草商人，1911年與家人遷往瑞士日內瓦，翌年於當地開設煙草店。1924年Zino Davidoff完成中學課程後，便決心將煙草業成為自己終生奮鬥的職業，接著到拉丁美洲學習煙草貿易，包括阿根廷、巴西及古巴。Davidoff從煙草的選擇、切割到混合方面，都有十分的掌握。

　　Davidoff曾說：「品味是一種高品質的生活型態。」他一手推動古巴雪茄國際市場，令古巴政府准許他以自己的名字設立雪茄品牌。Zino Davidoff本身就是一本二十世紀的雪茄史，1946年Zino Davidoff推出著名的「Chateau」雪茄系列，並逐漸拓展為一成功的國際品牌。Davidoff品牌原是由一個簡單的家庭工業起家，如今Davidoff這個名字充分表現出一種完美的享樂本質，品項包括煙草、精品、香水、服飾，都表達出這種氣質和風格。

Cool Water Wave水精靈

　　1997年Davidoff推出的首支女香—Cool Water Woman「冷泉」，以維納斯的形象訴說著優雅而誘人的美麗神話；2007年，Cool Water Wave「水精靈」女香則捎來了出水芙蓉般性感的夏日女香。

　　這次維納斯女神化身成蔚藍海岸邊的水精靈，瓶身設計如瞬間靜止的水滴，底部透出淡而清澈的水藍色，自然散發出單純、潔淨的光暈，再向上延伸出漸層的寶藍。柔和的曲線及色澤，傳達出俐落而堅毅的現代女性內涵。

　　香調的前味有西瓜、百香果、芒果、番石榴的爽朗清新；中味的紅胡椒、玉米、小蒼蘭、曼陀羅屬植物（Datura）、牡丹有著柔美突出的個性；後味的檀木、鳶尾花木、龍涎香、麝香帶有自然的沈靜氣息，好似浪潮過後的平靜，又再度蘊釀的另一股能量。

清新怡人度★★★☆　甜美可愛度★★★☆☆　性感誘惑度★★☆☆☆　珍藏價值度★★★☆☆

Dior
J'adore真我宣言

J'adore代表的是6種新世紀女性的真我特質，它們
分別代表Joyful 愉悅，Ardent 熱情，Divine 神聖，
Optimistic 樂觀，Radiant 閃耀，Eternal 永恆不變

　　J'adore香水在1999年上市，獲得多項國際大獎，表現出女性的熱情與柔美。香水瓶身設計來自雙耳細頸壺，靈感來自Galliano在1998年時尚秀的馬薩伊項鍊，兼具誇張與詩意的閃亮和優雅。美麗的感性花香調，是來自Dior總監所指定的一種時尚組合：「香味要性感如晚宴高跟鞋，但又像Tod's豆豆鞋般的舒服……」，於是J'adore的香味，則由白蘭花、玫瑰與大馬士革李3種香氛調和交融而成，讓女人從嗅覺、視覺、精神，徹底展現奢華優雅的無限魅力！

　　前調：印度的金香木花朵呈現清新花果香；萃取自西西里桔子展現清新木香；加上來自歐洲的長春藤葉傳遞清逸木香；3款清新的調性，引出淡淡的木質前調。

　　中調：熱帶非洲的蘭花萃取，展現雅致花香；法國南部的紫羅蘭，透露高雅花木氣息；美國玫瑰則吐露細膩花香。這三款雅致的花朵，呈現出和諧典雅的中調。

　　基調：敘利亞的大馬士革李，以甜蜜香醇的氣息，讓人沉醉其中；巴西莨木的溫婉奇美，展現沉穩氣息；萃取自法國南部的黑莓麝香，為此款香水增添感性細膩的一面。

　　2003年，J'adore推出淡香水版，銀色系包裝，味道更清淡宜人。2006年迪奧則為J'adore加入閃耀金粉，這款J'Adore閃耀微光乾爽香體油在滋潤肌膚的同時，香氛和金粉也同樣性感迷人而閃亮。此外J'adore香水也自2001年於每年推出一款限量造型香水，提供J'adore迷收藏。

清新怡人度 ★★☆☆☆　甜美可愛度 ★★★☆☆　性感誘惑度 ★★★★☆　珍藏價值度 ★★★★☆

Poison 毒藥

1985年Poison以「毒蘋果」的姿態襲捲全球，無論是在瓶身的設計、香調的搭配和那令人難忘的名字，皆創下了香水史上輝煌的成績。Poison第一天於巴黎上市的時候，平均每50秒就賣掉一瓶，可見其當時轟動的景況。據聞美麗的法國知名女星依莎貝拉‧愛珍妮（Isabelle Adjani）為此款香水發想的謬思女神。

Poison在90年代後陸續有較輕柔的系列版本推出，包括Tendre Poison、 Hypnotic Poison、Pure Poison還有Midnight Poison，現在就來品味一下原版Poison的果香辛香調魅力：

前調：百合花、木蘭花、玫瑰的花朵馨香
中調：杏果、桃子、肉桂的野莓果香
基調：檀香木、向日花香精、香草、琥珀的辛香及琥珀香調

Poison的前調以花香引發了一連串刺激、冒險及邪氣的感覺，野莓果香在和諧中帶著火花四射的大膽和一抹香甜的誘惑，延續基調那挑釁的魅力及芬芳的性感。深具感官性挑逗的Poison，適合秋冬季節使用。

清新怡人度★☆☆☆☆ 甜美可愛度★★★☆☆ 性感誘惑度★★★★☆ 珍藏價值度★★★★☆

Tendre Poison 溫柔毒藥

Dior在1994年推出Tendre Poison「溫柔毒藥」，以柔和清新的海洋花香調貫穿前、中、基調。柑橘及白松香的清澈加上香雪蘭、橘花的溫柔，以及後調白檀木和香草的甘甜優美。一樣華麗的蘋果造型，是以淡綠色的透明玻璃製成瓶身。就像它的名字一樣，Tendre Poison是一款乍似單純且又充滿矛盾的香水，結合了誘人的自信與年輕的任性，是一款明亮、獨持又有著清新喜悅的持久型香水。

清新怡人度★★★★☆ 甜美可愛度★★☆☆☆ 性感誘惑度★★★☆☆ 珍藏價值度★★★☆☆

Pure Poison 純眞誘惑

2004年迪奧推出Pure Poison「純真誘惑」，是一款既豐富又清澈的香水。它是Poison香水當中的白花王國，那迷人的領域則是香氛的特質，也是誘惑的象徵。前調茉莉和柑橘香隱藏著怡人的氣息；中調的橙花和水栽梔子花散發出精緻優雅的風味，洋溢著天真且嫵

媚的女性特質。基調的麝香、檀香與白琥珀，更內斂又強烈的傳達性感和無限的溫柔。

幾乎持續了半個世紀，迪奧夢想著一個讓人難以捉摸的白色瓶子。Pure Poison純真誘惑正是夢想的實現，它是全球第一款以雙面菱鏡製成的香水瓶身，這樣的靈感來自鑽石的光耀，以及蛋白石的神秘。

清新怡人度★★☆☆☆ 甜美可愛度★★☆☆☆ 性感誘惑度★★★★☆ 珍藏價值度★★★★★

Midnight Poison 魔幻誘惑

Midnight Poison「魔幻誘惑」不僅是Dior Poison系列的新品，也是調香師Francois Demarchy與Dior合作的第一瓶香水。不僅重金邀請知名女星伊娃葛林（Eva Green）擔任最新香水代言人，Dior設計總監John Galliano更在視覺廣告中傳達所訴求的午夜誘惑魅力，連結到瓶身精緻高貴的設計精神。

調香師Francois Demarchy開始接觸的工作是在香水之都格拉斯一家自然原料公司，也奠定他對香水原料獨特的見解和本質的充份了解，之後他被派到Charabeau紐約分公司，帶領美國的市場。1978年返回法國後，Francois Demarchy加入Chanel的香水研發設計部門，研發出多款知名香水，更為國際知名品牌，如Ungaro、Tiffany與Bourjois合作，創造出專屬品牌的獨特香味，更成為國際知名的調香師。

Francois Demachy創造了萃取物、蒸餾物與更高濃度精油的巧妙混合，為玫瑰香調帶來獨特的深度。Midnight Poison以軟香調混合新鮮佛手柑與橘子為開場前味。接著湧現令人沉醉的魅力花香調—玫瑰原精，再加入豐富的廣藿香與性感十足的琥珀，組成終曲。

充滿女人味的玫瑰香氣，因為結合廣藿香的野性而有所轉變，再融入琥珀，提供玫瑰缺少的動物性香調。琥珀常用於中藥，也被視為有春藥的效果，讓香味效果久久不退。Midnight Poison或許以狂野的香氣為第一感覺，但突然間又顯露了完全不同的調性，有種奇異的性感，幾乎帶點深沉，最後的香味融會出一股黑暗的神秘感。

清新怡人度★☆☆☆☆ 甜美可愛度★★☆☆☆ 性感誘惑度★★★★☆ 珍藏價值度★★★★☆

Dior Addict 2 癮誘甜心

來自Dior迪奧癮誘系列的Addict 2「癮誘甜心」淡香水，是一款清淡閃亮的香味。從瓶身開始就呈現浪漫青春的粉紅氣息，瓶內是半透明的冰涼粉紅色，瓶蓋的粉紅金屬上有一個銀色的噴灑紐，金屬上標示著新名稱：Addict 2。Addict 2的女孩是大膽、調皮、對生命充滿了喜愛與熱情。她跟隨流行，玩弄色調，喜歡妝扮。

2005年春天問世的Addict 2有一股清淡的、鮮嫩的香味，由多款花果香調組成，清新中捎來甜美性感且潔淨的氣味。

前調由清新柑橘香開始，融合著酸甜的葡萄柚，多汁的柳橙和香醇的佛手柑，喚起年輕女孩的清新純真。

中調搖擺於多種協調的花香調之間：小倉蘭、空谷百合、白蓮花，以及浪漫的玫瑰，搭配異國情調的石榴香在中間閃爍。並交織著宛如鳳梨西瓜冰沙的混合香味，年輕的活力洋溢在氣息中。

基調則充滿柔滑如天鵝絨般的檀香、溫暖的西洋杉、挑動感官的琥珀和麝香，自然流露著無可抗拒的性感魅力。

清新怡人度 ★★★☆☆　甜美可愛度 ★★★★☆
性感誘惑度 ★★☆☆☆　珍藏價值度 ★★☆☆☆

Dior Addict Shine　癮誘晶亮

　　「癮誘晶亮」淡香水屬於輕快、愉悅且感性的花果香調，前調閃爍著
細緻的香□果香，接著是甜美、雅緻的覆盆子果香融合優雅的櫃子花香
中調，然後是感性的木質香柏基調，創造出令人想一親芳澤的柔媚女性
魅力。

　　這是一款低調性感的香氛，味道輕柔略甜，也可充份展現出輕熟女平
日的活力和魅力，對初用香水的女生來說，Addict Shine也非常適合在
夜晚使用，增添一抹有別於平日的優雅與性感！

　　香水瓶蓋猶如女性的高跟鞋鞋跟，展現女性性感時尚的一面。雅緻、
若有似無的淡裸蜜桃色瓶身，牽引出香水明艷中帶著柔美的風味。

清新怡人度★★★☆☆　甜美可愛度★★★☆☆　性感誘惑度★★★☆☆　珍藏價值度★★☆☆☆

DKNY

Donna Karan與Calvin Klein、Ralph Lauren並稱美國三大設計師。Donna Karan以自己的名字成立高級服裝品牌—Donna Karan，而她於1989年創立副線品牌Donna Karan New York，一般稱為DKNY，推出一系列年輕時尚的服飾，傳遞出敏銳的流行概念。

Donna Karan在紐約長島長大，母親和繼父也都是從事時裝的相關行業。Donna Karan 高中畢業後，即進入紐約Parson's服裝設計學院進修設計；大二時，在Anne Klein服裝工作，歷經多方磨鍊，逐漸嶄露頭角。Karan的理念，是創造所有人在任何場合都適合的穿著。在她的概念中，衣服要彈性式的符合各地區、氣候及不同場合的需求，更創造出流行無界限的設計理念。男性和女性從頭到腳，包括眼鏡、帽子、腰帶、鞋子、日常便服、晚宴、內衣、絲襪，一應俱全，且都具有可搭配的替換性，還包括 Donna Karan Home Collection家飾品系列，皆以質感見長。

Donna Karan品牌風格充份傳達紐約特有的生活精神，她的設計靈感，也都源於紐約特有的都會氣息和蓬勃活力，兼具高貴與優雅。她多次獲選為年度最佳設計師，並且很快打入世界市場，世界各國的接受度都很高。

好萊塢影星黛咪摩爾是Donna Karan的擁護者兼好友，其他的名人還有湯姆漢克、瑪當娜、以及前美國總統柯林頓夫婦等，皆是Donna Karan品牌的支持者。當中所傳達的，也是一股力挺美國時尚界的熱情和精神。

BE DELICIOUS

一款饒富趣味、充滿紐約市多變情調的香水，廣告訴求的「Take a bite out of life!」，更充份詮釋設計師Donna Karen的概念。紐約的大蘋果神采是其中的主要精神，甜美豐富卻性感十足！

DKNY BE DELICIOUS 獨特的美國蘋果造型，是DKNY的獨創設計。前味融合了清新的小黃瓜及閃亮的葡萄柚，同時木蘭花引出輕快的中味。而隱含的夜來香，混合白鈴蘭、玫瑰與紫羅蘭，增添清新、鮮花般感受。最後，檀香木、黃金木與白琥珀加強新鮮清爽的感受。

DKNY BE DELICIOUS香水的瓶身，為健康香脆的蘋果添加時髦的現代詮釋。線條俐落、觸感光滑的金屬瓶蓋，搭配簡單的青蘋果玻璃瓶身，像是專屬女性的伊甸園之果；而琥珀色玻璃瓶則是男性香氛專用。香水外盒以牛皮紙盒包裝，標上精心設計的DKNY BE DELICIOUS橢圓商標，十足象徵100%的

紐約原創精神。

　　隨後DKNY又推出了Red Deli-cious，依然是蘋果造型的瓶身設計，彷彿象徵著人類的原始慾望，這次搭配鮮豔濃郁、性感誘人的紅色瓶身與外盒包裝。女香的特色是，美妙絢爛的香檳中添加了飽滿多汁的荔枝，再加上覆盆莓與蘋果鮮脆，形成一股讓人難以抗拒的滋味。香調中加入馥郁的玫瑰及浸潤過的紫羅蘭花瓣，調和研磨後的香草豆及廣藿香的溫暖香氣，佐以琥珀的明亮調性。打開瓶蓋，就能享受融在覆盆子莓的優雅香味中，帶來的嗅覺體驗，好似甜蜜的熱吻，洋溢著幸福的滋味。

清新怡人度★★★☆☆　甜美可愛度★★★★☆
性感誘惑度★★★★☆　珍藏價值度★★★★☆

Dolce & Gabbana

　　Domenico Dolce 和Stefano Gabbana這兩位超級義大利搭檔，既是事業上也是感情上的好夥伴，雖然情感關係上已劃上句點，但兩人的默契和相知相惜，一直傳為時尚界的佳話。在攜手共創Dolce & Gabbana品牌前，兩人的背景是不盡相同的，來自西西里島的Domenico Dolce和威尼斯的Stefano Gabbana原本在米蘭的一位名設計師門下擔任助手。因為兩人互相欣賞各自的風格，於是在1982年成立工作室，1985年正式成立Dolce & Gabbana，品牌名稱便是由兩人的姓氏組成。

　　Dolce & Gabbana的作風非常獨特，創業之初不但婉拒交付大成衣工廠代工生產，堅持自己包辦製版、裁縫、樣品和裝飾配件及所有服裝。首次發表會即艷驚四座，對於當時的時裝界而言，是獨樹一格的突破和震撼。

　　Dolce & Gabbana的展示會中經常播放古典音樂，而且在化妝、髮型充份展現南義大利西西里島風情，幾乎已成為Dolce & Gabbana獨特的標誌風格。造型風韻間有著黑手黨家族女人的性感風情，並經常以女性曲線為創作靈感，所以服裝上特別能修飾及展現身材。此外Dolce & Gabbana的服裝，一直都以天主教婦女身上的黑色為最主要用色，南歐宗教色彩也常轉移在圖案的表現上。

　　內衣式的背心剪裁搭配西裝，是Dolce & Gabbana最典型的服裝造型。義大利女性穿著講究飾品，使得Dolce & Gabbana的配件都顯得相當華麗，從皮草製的復古提包、搭配繡滿圖案的及膝襪，都極具Dolce & Gabbana設計風格。

　　90年代初內衣外穿的風潮，奠定了Dolce & Gabbana內衣與泳裝系列的復古風格基礎，而性感優雅的內衣亦成為重要的搭配單品。所推出的香水更獲得許多大大小小的獎項。值得一提的是Dolce & Gabbana的年輕副牌D&G，也頗受年輕族群的歡迎，同時也以亮麗特色結合另一種義大利風格，經常為時尚圈帶來令人興奮的火花。

the one 唯我

Domenico Dolce 與 Stefano Gabbana 這兩位設計師，擅長結合現代奢華、地中海熱情傳統與強烈慾望的風格，共同創造了 the one 唯我女香。

the one「唯我」女香是溫暖東方花香調的香水，且帶有時尚的氣息，是一款具有鮮明、甜美感的金色香水。不但誘人、時髦、魅力獨具，同時還又帶了點古典風味。

前調亮麗，散發著陽光照耀的柑橘、佛手柑的芬芳。甜美荔枝與多汁的水蜜桃，溫暖的果香增添了一股愉悅的氣息。

中調的聖母百合、鈴蘭與茉莉所組成的豐富變化，創造出與眾不同、大膽的特質。

基調緩緩散發出有趣的洋李芳香，進而綻放誘人的珍貴香根草；香草與甘甜的琥珀麝香調溫暖又持久，使其風格更為突出。

清新怡人度 ★★☆☆☆ 甜美可愛度 ★★★☆☆
性感誘惑度 ★★★★☆ 珍藏價值度 ★★★☆☆

Light Blue Pour Femme 淺藍

置身於地中海生活形態的愉悅感：Dolce & Gabbana Light Blue「淺藍」女香，擷取充滿陽光與夜晚的氛圍。清新花果香的氣息，前調結合西西里雪松與清新蘋果，加上藍鐘花的迷人花香，散發出陽光普照的西西里夏日精華。中調令人感受到青竹的清新，揉合馥郁茉莉與白玫瑰的魅力，展現出女性堅定的特質和個性。基調結合柚木與琥珀，以及麝香微妙的觸感，搭配柔和的粉香，散出深層且真實的內涵。這款香水自清柔中有著舒服的調性，尤適合春夏兩季。

清新怡人度 ★★★★★ 甜美可愛度 ★★★☆☆
性感誘惑度 ★★★☆☆ 珍藏價值度 ★★★☆☆

Elizabeth Arden

伊麗莎白雅頓成立於1910年，創辦人本名為Florence Nightingale Graham，是一位加拿大女性。當她29歲時，身為護士的她離開家鄉到紐約打天下，並到一家藥廠工作。在工作期間，她開始對於肌膚保養相關產品產生興趣，因此興起開護膚沙龍的想法。終於在3年後，她在紐約第五大道開設第一家名為「Elizabeth Arden」的沙龍；隔了幾年，她又在Washington開了家名為Red Door「紅門」的沙龍。除了經營護膚沙龍，她也忙於自行研發許多產品，因此人稱伊麗莎白女士，也是業界口中的「神奇小婦人」。

創業第十年，她已經在巴黎開設歐洲的第一家護膚沙龍，自行研發的產品已經多達100多種，是當時美容界最大的領導品牌。在30年代，擁有全球超過29間護膚沙龍及自有品牌的她，被財星雜誌讚譽為「史上最富有的女人」，可見當時伊麗莎白雅頓的名號多麼響亮。

她在美容界有許多的創舉，例如將化妝和彩妝概念首次引進美國，打破當時美國人認為嘴唇的顏色須與頭髮顏色一致的刻板印象（例如頭髮金褐色，嘴唇就是金褐色）；另外她也提出口紅是季節性的，可配合時裝概念呈現季節性的變化。我們現在聽來是多麼的理所當然，可是在當時的美國，這簡直是前所未有的說法！還有在二次大戰期間，因為物資缺乏，使得女性的生活必需品絲襪短缺，所以她發明了腿部的噴式粉底，也是一款具突破性的隱形絲襪產品。

她甚至是第一個將產品在櫃檯為顧客進行示範與解說的品牌，這種行銷方式後來被Estee Lauder夫人發揚光大。她的事蹟連Coco Chanel女士都稱讚不斷，尊她為美容界的女王。伊麗莎白雅頓自20世紀起即是一項經典傳奇，而上市80周年的8小時潤澤霜和推出34年的21天霜，即使包裝一再更新，卻永遠是許多女性心目中最可靠的必備保養品。

Mediterranean
蔚藍地中海

5th Avenue
第五大道

Elizabeth Arden的「蔚藍地中海」香氛，以「藍」為發想，暈染出多層次的意涵，像是充滿陽光暖暖的蔚藍天色、教堂藍到耀眼的靛藍色屋頂和沁涼剔透的淺藍海水。

要感受閒適溫暖的陽光和愛琴海海風的氣息嗎？融合花香且帶有乳香的木質香調，前調有甜蜜的桃子花蜜、西西里橘子和李子，創造出一種美味多汁的耀動，讓溫馴卻蠱惑的香氛裊裊纏繞。

中調則以女性氣息的花香鋪陳開來。星木蘭花散發著清甜的柑橘調香氣；紫藤花讓人回想到春天的香氣；馬達加斯加蘭花釋放著一種溫柔引誘的香調，有著夜的香氣。

後調用一種乳香的暖調來包圍，檀木具有神秘、神聖的氣息；麝香和琥珀給予一種感官的、令人難以忘懷的溫暖。整體香調的層次豐盛，沈澱出一股特殊的薰香氣質。

Mediterranean「蔚藍地中海」香氛的瓶身是高雅的橢圓形，藍色透光的玻璃瓶身，像是天然的圓潤寶石，晶瑩誘惑如地中海的魅力。摩登、多面捶銀的瓶蓋與藍色玻璃瓶身組成了細緻閃亮的對比，配上銀藍相間的外盒，好似明月映在波光鱗峋的地中海那般的神秘耀眼。

清新怡人度★★★☆☆ 甜美可愛度★★★☆☆
性感誘惑度★★★☆☆ 珍藏價值度★★★☆☆

伊麗莎白雅頓的5th Avenue「第五大道」香水集時尚、自信、智慧的優雅風範，充分表現出紐約第五大道經典雅緻的都會精神。華麗、品味、活力是第五大道香水的靈魂，是屬於東方花香調的時尚型香水。

動人的前味來自於紫丁香、菩提樹花、清爽的木蘭花、以及法國鈴蘭，交織在東方風情的中國橘及佛手柑之間，可感受到一股純潔及清新優雅的印象。

溫暖的中味則散發玫瑰、紫羅蘭、鈴蘭、茉莉及晚香玉的香醇；再由桃花丁香葉及荳蔻葉釋出溫柔。

持久的後味是來自琥珀萃取物、西藏的一種麝香，以及檀香、鳶尾花和香草，捕捉住經典的女性美及華麗。

「第五大道」香水的發表會地點，當初就選在位於紐約第五大道鼎鼎有名的帝國大廈（The Empire State Building）。香水瓶身以紐約市曼哈頓區的城市天際線為靈感，霧狀玻璃和亮金修飾，表現出俐落雅緻的風格。在造型、顏色及情境上，皆反映出曼哈頓古典與現代交融的建築魅力。

清新怡人度★★★☆☆ 甜美可愛度★★☆☆☆
性感誘惑度★★★★☆ 珍藏價值度★★★☆☆

Green Tea 綠茶

　　自1999年5月上市以來，伊麗莎白雅頓Green Tea「綠茶」香水以清新、充滿活力的香氛及天然草本精華，刻劃出有別於一般時尚香水的自然系香氛，在香水界掀起一股小小的革命。

　　創造伊麗莎白雅頓「綠茶」香水的幕後推手，是法國卓越的香水師Francis Kurkdjian。他在巴黎出生，在香水界以綠茶之香創造出卓越的感官經驗，而「綠茶」系列香水也是他成功的作品之一。

　　數世紀以來，綠茶一直深受推崇，視之為放鬆心靈、治療身體與撫慰靈魂的精華，更是東方文化的代言品之一。這款香水不僅具有綠茶的鎮定效果，還散發著茉莉花高雅的蜂蜜香。茉莉花經常添加在茶中，以增加茶的香氣和引出茶葉本身的甜味，而花瓣的香味與綠茶融合後，更能創造出淡雅、香甜的氣味，感官因此而甦醒。

　　活潑的香味包含自然精油的芳香，能讓人充滿活力。它含有提神效果的檸檬香與柑橘香，能振奮精神。另一方面，「苦涼的」食用大黃在亞洲文化中素以能夠「解熱」著稱。香柑油是從一種義大利水果的果皮中提煉的冷榨油，它賦予綠茶香水一種甘甜的清爽感覺。最後，還有具振奮效果的辣薄荷，令這款香水更具提振身心的力道。

清新怡人度★★★★☆　甜美可愛度★★★☆☆　性感誘惑度★★☆☆☆　珍藏價值度★★☆☆☆

Elizabeth Arden Green Tea Scent Spray
伊麗莎白雅頓 綠茶香水系列

伊麗莎白雅頓 綠茶香水

　　首先推出的「綠茶」香水，緊緊補捉住使神采揚溢的綠茶精華。清新活力，令人神采飛揚、喚醒心靈。晶透的玻璃瓶裡裝著清澄的綠茶香水，瓶身上映著小巧的綠茶葉子，可成為入門香的首選。

Elizabeth Arden Green Tea Intense Eau de Parfume
伊麗莎白雅頓 綠茶香精

　　伊麗莎白雅頓最精純的綠茶香氛，完美展現在這款綠茶香精裡。更濃郁、更微妙、更鮮明的綠茶精神，讓身、心、靈感受極緻的香氛體驗。

Emanuel Ungaro

在全世界享譽盛名的Emanuel Un-garo，為法國巴黎高級訂製服飾品牌，擅長以「創新」和「驚奇」設計出女人味十足的迷人服飾。其大膽富創意的風格，讓許多國際女星都趨之若鶩，其中包含妮可基嫚、莎朗史東、黛安蓮恩、潘妮洛普克魯茲等具時尚品味的女藝人，皆是他作品的擁護者。

Emanuel Ungaro從小出生在義大利移民家庭，深受父親開立裁縫店耳濡目染的影響，Emanuel ungaro自5歲就開始玩裁縫機，展現他對服裝設計的天份。靠著他的天份，Emanuel在22歲時即前往巴黎，並開始成為西班牙設

計師Cristobal Balenciaga的學徒。經過這段時間的磨練與粹煉，1965年，Emanuel在Avenue Mac-Mahon首次開設自己的時裝店，發表個人作品。

在30多年後的今天，Emanuel已經是家喻戶曉的國際品牌。繼1996年Fer-ragamo集團買入主Emanuel Ungaro品牌後，近期並轉手美國網路大亨Asim Abdullah，再延攬才華洋溢的新銳設計師Esteban Cortazar後，這個經典的時尚品牌將繼續獨特的迷人魅力，持續在時尚的舞台閃耀發光！

Emanuel Ungaro的名言：「一個好設計者應該是設計的建築師，形狀的雕刻師，顏色的藝術家，和聲的音樂家，以及哲學家。」

Apparition
瓶中精靈 &
Apparition Facets
多變精靈

Emanuel Ungaro品牌的Apparition「瓶中精靈」香水，瓶身造型由知名時尚設計師Sylvie de France所設計。創意有力的外型衍生出的魅力包裝，以珍貴的24K金反覆壓印上色，再以綠色、金色及紫蘿蘭色的炫麗鏡面鑲嵌於瓶身，自然流瀉，如在陽光下瀑布般的閃爍耀眼，呼應Ungaro高級訂製服飾品牌的創意設計。

討喜的花果香氛調，如萬花筒般的閃亮

奔放，覆盆子利口酒、辣椒的大膽開場，加上西番蓮、雙喜玫瑰的嬌媚，最後以廣藿香、天芥菜的神秘收尾。整體美好的誘惑如同一個穿著繁閃亮的性感女性，是令人無法預期的多種樣貌，極具有Ungaro的創新風格，是一款現代感十足的女香。

另外一款較新的Apparition Facets「多變精靈」女香，則延續Apparition的瓶身造型，設計師Sylvie de France這次以綠野仙蹤的氛圍，賦予「多變精靈」更活潑的生命力。清新花香調包含加勒比海佛手柑、粉紅葡萄柚，中味是濃情的波紋玫瑰和木槿，後味則是琥珀、麝香。

清新怡人度 ★★★★☆ 甜美可愛度 ★★★★☆ 性感誘惑度 ★★★☆☆ 珍藏價值度 ★★★★☆

ESCADA

The Fabulous New Fragrance for a Wom

ESCADA的前身是SRB，SRB是1950年由MARGARETHA LEY夫婦於德國慕尼黑所設立的針織廠品牌。1977年推出時裝系列，並將原來的SRB改為ESCADA，品牌風格兼具實用性與優雅貴氣，時有繽紛亮麗的色彩點綴，展現十足的都會風格。同時秉持著「實穿主義」和「不退流行」的品牌精神，以立體簡單的剪裁，搭配時尚或經典色系，展現出女性的自信與沉穩，產品包括時裝、配件和香水。ESCADA其中一位首席設計師Brian Rennie就曾表示：「只能讓人穿一次或只有一種穿法的服裝，在ESCADA是看不到的，也因此ES-CADA正是所謂『高投資報酬率』的高級時裝。」

基本上在ESCADA秀場上看不到滑稽誇張或過度暴露的設計，剪裁也一向具有德式風格的俐落帥氣。ESCADA的服裝雖然偏向熟女風，但限量版香水經常以熱力海灘風出擊，也算是品牌形象之外的逆向操作。

ESCADA
同名經典女香

延續ESCADA雅緻的風格，呈現出清新奢華的調性。活潑的佛手柑和黑醋栗，演繹清新香氛。沁人的綠葉混合著義大利檸檬及黃瓜氣息，喚醒靈魂的感動。清爽的海風，娓娓道出小蒼蘭和香蜜瓜組成華麗的開場。

木蘭、茉莉和令人陶醉的鈴蘭香氛縈繞著肌膚，玫瑰邀約橙花和牡丹合奏出漸強的交響樂章。珍貴的琥珀與麝香，揉合桃子和香草，置身在愉悅氛圍；精緻的水鳶花和生氣勃勃的廣藿香，與莊嚴的檀香相遇，展現了

亮麗外在下，女性寧靜而純淨的内心世界，是一款頗適合粉領族的優雅女性的香水。

　　水晶玻璃瓶如懸掛在透明的水池當中，寧靜純潔。橢圓形線條所展現的簡約風格，讓奢華的香水調性變得内斂。清新透明的瓶蓋，好比寶石般的觸感，閃亮的香水外盒，底色由銀光漸層至湖水綠，呈現明亮的風貌。

清新怡人度★★★☆☆　甜美可愛度★★★☆☆　性感誘惑度★★★★☆　珍藏價值度★★★☆☆

ESCADA S 舞魅

　　ESCADA「S 舞魅」香水前調呈現出細緻又意味深遠的梅子與黑茶藨子，結合歐洲野玫瑰（Rosa Canina）的氣息，在中調的襯托下，更突顯出優雅的均衡。中調是充滿挑逗的花香，結合杏花、玫瑰與鈴蘭，再添入胡椒的辛香。基調的深度與濃郁，讓這種迷人的混搭顯得更有豐富的層次，其中包括光滑的桃花心木與檀香，加上類似麝香的氣息與濃郁榛果香，香味持久。

　　豪華的瓶身的設計，象徵女性鮮明的性格。燦爛的紅點代表進入活力充沛與朝氣十足的世界，轉變成愉悦活躍的場合。瓶身背後亮眼的紅點透過瓶身的光線折射，傳遞出愉悦和快樂之喜悅光采。

　　ESCADA首席設計師Damiano Biella說：「這款香水是ESCADA香水系列的特別版，專為古典與現代兼具的堅強獨立女性所設計，呈現活力充沛的精神，氣味本身充滿的魅力與激發力。」

清新怡人度★☆☆☆☆　甜美可愛度★★★☆☆　性感誘惑度★★★☆☆　珍藏價值度★★★★☆

ESCADA SUNSET HEAT　情定夕陽

　　ESCADASUNSET HEAT「情定夕陽」香水有著仲夏夜般的海灘風情，香水瓶身彷彿透過夕陽的洗禮，延續熱情而浪漫的夏日夜晚。玻璃瓶身沐浴在漸層的黃色、橘色和紅色光芒之中，鮮亮發出如霓虹般的躍眼光芒。另外代表藍天與海洋的寶藍色的男香則為同款的對香。

　　香水前調彌漫著果香：木瓜、檸檬、芒果冰沙和鳳梨慕絲，在一瞬間即可感受到水果的香氣。悠然的中調恰似一抹斜陽，揉合著果香與花香，冰鎮的西瓜、蜜桃、蓮花和芙蓉，甜美多汁，生動而豐富的賦予香水生命力。基調的性感包含檀香和麝香，而琥珀結晶則蘊含著如夕陽般的溫暖與光芒。

清新怡人度★★★☆☆　甜美可愛度★★★☆☆　性感誘惑度★★★☆☆　珍藏價值度★★★☆☆

ESCADA
INTO THE BLUE

ESCADA
INTO THE BLUE

A New Fragrance for Women

INTO THE BLUE 深藍

　　INTO THE BLUE「深藍」香水所代表的是迎向歡樂與新生的通道。別名為睡蓮的藍色蓮花，以其令人沉醉的香味出名。此款香水中也融合牡丹的成份，以它甜美、碩大而茂盛的花朵綻放光芒。水是生命的精髓，因此 EACADA 選擇水做為它全新香氛的主要成份之一，INTO THE BLUE「深藍」香水的所有調性都含有水漾的元素，無論是綠葉中的水份所擁有清新的前味，亦或是帶著濃郁多汁西瓜的中味，乃至於含有濕潤木頭的沁涼後味。

　　INTO THE BLUE「深藍」香水的瓶身帶有著明朗、圓柔的線條。外包裝以亮麗的淺藍與鮮豔桃紅形成強烈的色調對比。INTO THE BLUE「深藍」香水是一款屬於清新花香調的香氛，以活力的躍動喚醒感官的愉悅，傳達一種快樂時光的精神。

清新怡人度★★★☆☆　甜美可愛度★★★★☆　性感誘惑度★★☆☆☆　珍藏價值度★★☆☆☆

最綺麗的美國夢
ESTEE LAUDER

本名為Josephine Esther Mentzer的雅詩蘭黛夫人，出生於紐約，美籍東歐裔的五金行老闆之女。少女時期就常在化學家伯父身邊打轉幫忙，當時的經驗，開啟她日後投身美容事業的契機。

1930年她嫁給Joseph Lauter，在伯父的鼓勵下，開始運用她卓越的美容天分與化學知識，在父親位於紐約市皇后區的老家中，自創獨門配方乳液與面霜。而附近的美容舖、海灘俱樂部、度假村，則是她銷售的初期基地。幾年下來，雅詩蘭黛夫人的獨門保養配方，在口耳相傳中深獲好評，加上她的積極努力，銷路節節上升。終於到了1944年，雅詩蘭黛夫人在紐約擁有第一間辦公室；兩年後，正式成立品牌ESTEE LAUDER雅詩蘭黛。1948年，在紐約第五大道的SAKS百貨公司邀請雅詩蘭黛夫人帶著她的品牌設櫃，也正式開啟企業化的發展。

雅詩蘭黛化妝品在創業之初，僅賣販四樣產品：乳液、面霜、潔膚油、敷面膏。隨著事業版圖擴張，在雅詩蘭黛夫人的主導下，不斷投入心力在新產品的研發。其中，最為業界所稱道的是首創「修護」（Repair）的概念。

當大多數化妝品品牌僅強調肌膚清潔、調理、滋潤等3步驟時，雅詩蘭黛率先提出「修護」概念，徹底修護受損的肌膚細胞，讓肌膚天然防禦系統恢復正常運作，使細胞更健康而吸收充足養分。

1982年雅詩蘭黛推出「夜間修護露」，就是化妝品界闡述修護概念的第一瓶保養品。1990年，「三重果酸調理露」更掀起一陣果酸修護旋風，帶動保養品界果酸成分流行風潮。1999年，「夜間抗皺柔膚精華露」運用自然界最有效的抗皺成分精純維他命A，溫和有效的修護肌膚皺紋，該產品也因此獲得保養品界的重量級獎項：歐洲「美麗佳人紅妝大賞」。2000年，超級明星商品「Idealist完美煥顏修護精華」正式問世，這是全球第一瓶不含果酸成分，卻可以做到如同果酸護膚效果的保養品。推出之後，

在全球各地造成搶購風潮，也讓雅詩蘭黛搶下更多由歐系品牌獨占許久的全球化妝品市場。

今日的雅詩蘭黛，已發展成跨國化妝品集團，旗下擁有超過10個品牌，囊括全美保養化妝品市場將近一半的市場佔有率，並行銷全世界120多個國家。當然，有此傑出表現，仍然不能不再次提到LAUDER家族的靈魂人物─雅詩蘭黛夫人。

美國時代雜誌於1998年底公佈一份名單：20世紀最具影響力的20位商界人士。其中唯一的女性，就是被人們暱稱為「Beauty Queen」的雅詩蘭黛夫人！

而雅詩蘭黛現任董事長，也是雅詩蘭黛夫人長子的Leonard Lauder在某次接受媒體訪問時提到：「要說我母親成功的原因，我想『野心』是最重要的因素。」Leonard回憶雅詩蘭黛夫人掌管公司40年來，不僅親力親為參與各項產品開發工作，更跑遍每個新開櫃點去視察，甚至不

惜遠達莫斯科、東歐各國，教導員工各種銷售技巧。

善於銷售的雅詩蘭黛夫人，讓這個品牌帶動許多成功的行銷創舉。如今已成為各大品牌必備銷售戰術的「滿額贈禮」（Gift With Purchase），以及明星商品的試用品贈送，就是雅詩蘭黛早年為了節省廣告費用而想出的變通宣傳招數。

另外還有一位雅詩蘭黛的新靈魂人物─—艾琳·蘭黛（Aerin Lauder），她是雅詩蘭黛全球廣告副總裁，也是Lauder家族第三代繼承人，同時擁有美麗外表與卓越能力，上任後一直是媒體注目焦點。

艾琳是雅詩蘭黛夫人次子Ronard Lauder的女兒，Lauder家族一致認為，艾琳無論生意頭腦與生活品味，無疑是當年雅詩蘭黛夫人的翻版。她經常受訪，照片不斷出現在時尚雜誌的「名人穿衣」單元。但從少女時期就開始出入各大時裝秀、豪門派對的她，並未因此沾染驕奢習

氣，相反的，她非常務實。某次接受採訪時她說：「為什麼有人覺得我應該不喜歡工作？這真是很失禮。任何人都應該工作、對社會有貢獻，我也不例外。」1996年，艾琳嫁給她的大學同學Eric Zinterhofer，婚後育有一子。

　　雅詩蘭黛夫人的堅持與努力，是美國精神的表徵，加上接棒的Lauder家族繼承人的靈活與眼光，相信這個亮麗的美國夢將編織下去，繼續加惠全球的愛美女士們。

雅詩蘭黛大事年表

1910年	雅詩蘭黛夫人誕生於紐約
1930年	與Joseph Lauter結婚
1944年	雅詩蘭黛夫人開設第一間辦公室
1948年	SAKS百貨公司開設第一個專櫃
1953年	發表第一支香水Youth Dew
1968年	推出第一枚固體香精盒
1982年	兒子Leonard繼承成為新任總裁
	推出「特潤修護露」，首創保養修護概念
1990年	「三重果酸調理露」問世，掀起果酸風潮
1998年	雅詩蘭黛夫人當選20世紀最有影響力的20位商人之一
1999年	「夜間抗皺柔膚精華露」獲得美麗佳人紅妝大賞
	旗下彩妝開始全面更新包裝
2000年	推出完美煥顏修護精華（第一瓶不含果酸的革命性產品）
2002年	Trend Team成立並訪台
2003年	瞬間無痕抗皺精華上市
2003年	黑人名模莉亞凱貝蒂加入代言人行列
2003年	推出霓彩天堂香水
2005年	與知名設計師Tom Ford合作
2005年	Gwyneth Paltrow代言歡沁Pleasure10週年香氛
2006年	推出特潤修護濃萃調理菁露
2007年	Anja Rubik及Hilary Rhoda加入雅詩蘭黛代言陣容
2007年	全新完美煥顏修護精華上市

Youth Dew 青春之露

　　雅詩蘭黛「青春之露」於1953年推出，這一款由雅詩蘭黛夫人創造的香氛，甫上市便成為美國香水史上第一支最暢銷的香水，締造一個美麗的傳奇。同時它也是首支推出其他相關產品的香水，如沐浴油、滋潤霜和香皂，為香水界開創了另一個新紀元。

　　雅詩蘭黛賦與「青春之露」東方個性香調，也成功的開創了現代東方香調的熱潮。神秘的東方香料採自於當時的精緻花朵，當香氣散發時，立即聞到一種性感的身體香氣。它同時也是第一款未使用酒精作為其中配方的香水，香味持久不退，令人流連忘返。

　　「青春之露」的前調充滿保加利亞玫瑰、新鮮的長壽花與薰衣草、白花春黃菊以及柑橘。

　　中調是由一些非常奢華的花所組成，如茉莉、鈴蘭百合、性感的伊蘭花及紅康乃馨，有著異國花香添加了些許神秘感。

　　後調是混合廣藿香、岩蘭草及檀香，而薰香、琥珀及香草味則為青春之露帶來一種溫暖的全然性感。

Tom Ford與Estee Lauder Collection

　　Youth Dew全新的開始與傳承，於2005年的12月雅詩蘭黛集團推出Tom Ford Estee Lauder Collection「琥珀流金」系列為起端，這是熱門設計師湯姆‧福特（Tom Ford）特別為2005年的耶誕節所設計，並反映出湯姆‧福特對美麗的獨特哲學——一切都要訴諸美感和極致的絕對華麗。

　　Tom Ford Estee Lauder Collection「琥珀流金」系列標榜雅詩蘭黛經典金色，湯姆‧福特並加入琥珀色系的產品包裝，使其看起來更有珍藏感。 他表示：「對我而言，青春之露就像是雅詩蘭黛用

氣味所建造的房舍，也是我在所有雅詩蘭黛香氛系列中的最愛，我採擷它的原料然後稍微做些改變，同時在包裝上突顯出現代感及流線型。」

在由Youth Dew「青春之露」經典香氛擷取靈感，及取得香氛原料過程當中，Tom Ford淡化原有的香濃氣味，設計出美麗的琥珀色澤和氣味──一種稀有美麗並充滿性感誘惑的撩人氣息。

前調由龍膽屬植物花和木蘭花帶出，再加入磨碎的薑汁、新鮮的茶香，調和少量葡萄柚汁，強調Youth Dew「青春之露」經典香氛的優質性感香氣。再將原有的濃烈辛辣花香味減半，調整的更加適合現代消費者。並混合原先使用的紅荷蘭石竹、茉莉和伊蘭花，並加強了黑玫瑰特有的濃郁性感。

基底調的琥珀香，就宛如打在裸露肌膚上的柔和光束，替代過去較為深沉傳統的基調。精心調過後的木質調，如岩蘭草及檀香散發出些許性感。並以廣藿香取代原來香調中使用的乾燥廣藿香，來淨化及復原它的原味，成為一種新的自然香氛元素；黑巧克力香調則取代了原有的香草調。

「青春之露琥珀流金」香氛經過精巧極簡派藝術風格重新設計後，瓶身變的更加纖細修長。原本環繞在經典青春之露香水腰身的金色緞帶，則由一條琥珀染色的緞帶取代，瓶蓋以琥珀色圓形寶石加綴做裝飾。

清新怡人度 ★★☆☆☆　甜美可愛度 ★★☆☆☆　性感誘惑度 ★★★★☆　珍藏價值度 ★★★★★

PLEASURES 歡沁香水系列

1996年上市的澄淨花香調香水，香氛靈感來在90年代因心靈的領悟沈澱，而重新回歸平靜、簡易、且愉悅的生活，雅詩蘭黛稱之為「反樸歸真的歡沁生活」。

Pleasures歡沁香水，是第一支「澄淨花香調」（Sheer Floral）的香水，添加了來自Reunion Island的特殊粉紅莓（Baie Rose），這種莓如種子般細小，卻有著輕柔無比的香味。加上首創的「二氧化碳萃取技術」（Soft Act），利用二氧化碳介於氣體與液體間的關鍵狀態，直接萃取整個花朵本身的香味，因此香氣完全純淨不失真。

此外，Pleasures歡沁香水採用了溫暖醇厚的粉紅莓（Baie Rose）做為香水基調，因此整首香水曲調都讓人覺得暖意在心頭。並運用了花朵中香味最清柔淡雅的白百合、紫羅蘭、茉莉，以及香味最持久輕快的黑色紫丁香、白牡丹、紅玫瑰，最後並添加澄清雅淨的印度紫檀及薄荷油，讓人心情隨之無憂平和。

在2006年12月，雅詩蘭黛亦推出Pleasures by Gwyneth Paltrow「歡沁」香氛葛妮絲派特蘿限量系列。清新脫俗的影后葛妮絲‧派特蘿重新詮釋「歡沁」香氛，充滿女人味的的粉紅色，加上貴氣的金色字體，完全反映出葛妮絲的魅力和與氣質美感，同時也令這瓶香水擁有另一種風貌！

此外，另一款撩人且性感的版本——Pleasure Exotic「熾情歡沁」香氛，亦在2007年春季以全新的風貌問世。淺黃綠色的瓶身上綴滿了奔放的花朵圖騰，瓶子上的花朵圖騰是經由獨特的手法所繪製上去的，再經過精細的轉印方式，幾乎就像手工上色般的細膩生動。Pleasure Exotic「熾情歡沁」香氛保有它以往的甘甜美味，且令人想咬一口的野性香味，而限量發行的瓶身則為香氛本身激發出更有活力與律動的生命。

香氛的前調先以芒果與百香果雞尾酒、粉紅葡萄柚、柳橙以及鮮嫩多汁的綠葉等鮮豔熱帶植物揭開序曲；中調則由竹子花伴隨著山芙蓉與新鮮橙花，營造出有如被柳橙親吻過的甘甜花香味。交織貫穿於整瓶香水的靈魂，則是由多汁的荔枝與香味撲鼻的黑醋栗伴隨著醉人的杜勒鵑藤，以熱情與活力滋潤了熱帶島嶼的花卉與樹叢。柔情的牡丹、玫瑰花芯以及非常稀有的粉紅莓，融合後醞釀成歡沁香氛最具代表性的清爽與沁涼感。最後，沉穩雅致的印度紫檀、琥珀與溫暖柔美的紫羅蘭木，則為這款歡沁香氛帶來性感且熱情的溫暖回味。

清新怡人度★★★★☆ 甜美可愛度★★★☆☆ 性感誘惑度★★★☆☆ 珍藏價值度★★☆☆☆

Beyond Paradise
霓采天堂

　　雅詩蘭黛的Beyond Paradise「霓采天堂」香氛系列，與英國的「伊甸計畫區」合作，獨家取得多項珍稀香味成分，藉由細緻的「稜光花香調」，開發出獨特的感官感受，引領進入屬於個人的私密天堂之中。而所謂天堂的定義，應該是屬於每個人內心的私密樂土，不論是潛水、登山、還是單純地躺在愛人的懷抱裡，在那兒可以完全釋放出心中的壓力，放鬆身體與感官，享受全然的平靜與歡愉。

　　Beyond Paradise「霓采天堂」是雅詩蘭黛推出的第一款「夢幻式」香水，不論是在瓶身設計、香氣、包裝、廣告與相關圖像等表現上，都打破了品牌過去的傳統，採用神秘夢境與異國的風格來打造整體形象。

　　Beyond Paradise「霓采天堂」水滴狀的優雅曲線，注入晶瑩清澈的香水，在多方光線折射之下，呈現出炫麗奇幻的七彩色澤。藉由不同層次的香味律動，緩緩的地散發出各種珍稀花朵的獨特氛氳，如同稜光折射光線、變化出多種光澤一般。老實說，Beyond Paradise「霓采天堂」的香味難以用單一香調來描述，它充滿了豐富的調性，能賦予個人多元而豐富的想像空間，並喚起深層而細緻的感官刺激，引領進入目眩神迷的芬芳探險之旅。

　　Beyond Paradise「霓采天堂」的前段香味以清新、活力的濕潤香氣為主，取自熱帶的Eden Moist「伊甸清霧」、多汁柑橘香和藍風信子等植物，提供嗅覺生氣蓬勃的元氣與活力。中段香味則傳達出深沈濃郁的低調果香，粉紅色冬忍花更增添了奇幻而女性化的香味與質感，取自於西非卡麥隆的斑馬木（Zebrano Wood），它溫暖的乳霜氣息融合香金色白千層樹樹皮（Golden Melaleuca Bark），加上李子花溫潤的香氣，讓Beyond Paradise「霓采天堂」的後段香味久久不散、令人陶醉。

清新怡人度★★★☆☆　甜美可愛度★★★★☆　性感誘惑度★★★☆☆　珍藏價值度★★★★☆

PURE WHITE LINEN 純淬

「純淬」香氛擷取自1978年雅詩蘭黛推出的經典White Linen香氛，當年雅詩蘭黛夫人深愛它隨性又不失高雅的香味，堪稱是在當時第一瓶適合白天擦拭的香水，充滿春天所帶來的愉悦。

經典的White Linen香氛擁有清新的自然香味，再搭配些許想像力和熱情奔放的果香，令人有如沐春風的感動。而全新的純淬香氛即為延續發展出的更輕柔、更令人歡愉的時尚花朵香氛。

前調的葡萄柚與義大利柑橘融合著活力，加上玫瑰花茶、覆盆子、水梨和青蘋果，結合成自然的果香。綠葉、百合和白色小蒼蘭，增添了些許的嬌柔感，野薑花和小荳蔻的淡雅辛香味，更能觸動純真舒爽的感官。

中調是含果香的火紅鬱金香，伴隨著奢華玫瑰和小白花，加上野忍冬、梔子花瓣和晚香玉所呈現出的奢華、高雅；結合高貴的茉莉花、鳶尾花和桂花，具涵養與深度的感動。後調呈現出神秘、誘惑和沉靜，雪松木和虎尾草營造出一種誘人的溫馨，而白色纈草則表現出女人的優雅與嬌柔。

延續經典White Linen 香氛的高雅和奢華，「純淬」香氛的瓶身設計更具時尚感，流線形的瓶身注入現代感的雅緻，霧面半透明的玻璃材質加上透白的霜狀表面，呈現出清透且純樸的沉穩，最後再將加入現代元素的經典貝殼圖象點綴，讓「純淬」香氛時尚且饒富經典意涵。

清新怡人度 ★★☆☆☆ 甜美可愛度 ★★☆☆☆ 性感誘惑度 ★★★☆☆ 珍藏價值度 ★★★☆☆

Pure White Linen Light Breeze
純淬輕風

嚮往自在悠遊的生活？Estee Lauder Pure White Linen Light Breeze「純淬輕風」香氛的靈感正源自於此。

像是海面優雅的碧綠浪花，拍打著沙灘的貝殼與細沙，Pure White Linen Light Breeze以充滿陽光氣息的柑橘香與小蒼蘭香，重新詮釋雅詩蘭黛旗下的經典草花香氛White Linen「如風」香水。雅詩蘭黛全球香水研究發展部門資深副總裁凱倫庫瑞（Karyn Khoury）指出，「純淬輕風」香氛系列著重置身在美好環境的感受，就像身處於地中海景般的沈靜感，並進一步延伸這種心境，轉化成一種充滿陽光、透明、澄淨、閃耀、清新的美好感受。

「純淬輕風」香氛瓶身設計概念延伸自「純淬」香氛系列，採用潔淨優雅的瓶身，並以清徹的淡青色為主要色調，展現所希望傳遞的美好時光，以及那典雅且隨性的風采。凱倫庫瑞表示：「代表純淬香氛系列的白色貝殼在全新的『純淬輕風』香氛上，蛻變成更為恬適的翠綠色海螺。」

「純淬輕風」香氛系列以玫瑰為基調，並加入經典系列「如風」香水及「純淬」香氛系列的豐富花香和木質清香。搭配朝氣盎然的柑橘調、清爽花香，以及更細膩明顯的性感前、中、後味香調，締造出如春天特有的溫暖且恬適的美好香氛。

前味淡雅清新，以大吉嶺茶香混合迷人的柑橘香調，並加入具有振奮人心的義大利佛手柑與白葡萄柚。金桔花則傳遞出現隨性、清新的感受。

中味則充滿朝氣，以耀眼的黃色小蒼蘭混合桂花、菩提花與洋薔薇，交織散發出清新並帶有活力的美妙感動。

基調則以珍貴的雪松，搭配上尊貴醇厚的柚木，創造出幸福的感官享受，並添加極珍貴的洋槐香蜜，散發出女性特有的優雅、細膩感受。整體香調非常持久，但不失一股輕盈自在的隨興。

清新怡人度 ★★★☆☆　甜美可愛度 ★☆☆☆☆　性感誘惑度 ★★☆☆☆　珍藏價值度 ★★☆☆☆

固體香精

自1968年雅詩蘭黛夫人設計出業界第一款固體香精盒Youth Dew「青春之露」──金色繩索大受好評,並吸引收藏家年年珍藏後,運用高級手工藝術製成的固體香精與金質粉餅,更成為雅詩蘭黛品精緻彩妝藝術的代名詞。

雅詩蘭黛香精盒到目前為止已推出超過400款設計。創意天馬行空,手工精細無比,每一枚固體香精盒,從靈感醞釀到成品出爐,需要花費專業珠寶工匠級大師約3個月時間。這種收藏家級的精品,價格自然不同於一般商品。

即使第一款固體香精的誕生至今已有39年的歷史,但雅詩蘭黛夫人設計的「經典固體香精」與「典雅金質粉餅」工藝,不但在當年成為創舉,至今仍引領著風潮。雅詩蘭黛夫人讓彩妝品與藝術品之間產生了連結,更讓雅詩蘭黛品牌本身散發出動人的藝術氣息。

每年耶誕推出的雅詩蘭黛限量固體香精與金質粉餅,除了是每位女性的夢幻逸品外,更是許多收藏家視為珍藏的藝術品。雅詩蘭黛金質粉餅與固體香精之所以被視為收藏珍品,正在於雅詩蘭黛每年限量推出的設計都是獨一無二、手工精緻的藝術精品。雅詩蘭黛專屬的一群設計師,每年投注時間與精力,從靈感醞釀、概念成形、草圖設計、模子製作到成品完成,目的就是要讓每一件產品都展現精雕細琢的工藝,呈現出其獨一無二的珍貴性。

為了增添固體香精的時尚流行性,雅詩蘭黛自2005年起推出設計師系列,讓固體香精與金質粉餅呈現不同的樣貌。還曾經邀請美國當紅晚宴包時尚設計師Judith Leiber為雅詩蘭黛的固體香精與金質粉餅設計一組特別系列,不但成為時尚界的一段佳話,更增添固體香精與金質粉餅的收藏價值。

此外,雅詩蘭黛也與設計師Jay Strongwater合作推出懷舊系列,並以奇祥幻獸、長青碧松與雋永留聲機等3款饒富懷舊趣味的固體香精為概念的呈現,增添雅詩蘭黛固體香精的創意感和話題性。

固體香精系列

　　雅詩蘭黛2007年的固體香精共分成音悅耶誕系列、花園綺宴系列、
奇幻東方系列、海天遨遊系列、Jay Strongwater設計師懷舊系列。

音悅耶誕系列：運用美麗的節慶飾物，營造出如同過節一般的美妙氣氛。

　　（美麗香氛）悅耳耶鈴

　　（青春之露）花漾卡蜜兒

　　（如風香氛）晶燦旋渦

　　（純淬香氛）悠揚天籟

**花園綺宴系列：午後溫暖的陽光、徐徐的微風，悠閒地坐在花園中、啜口好
茶、還有美麗的蝴蝶飛舞，享受輕鬆的美好時光。**

　　（歡沁香氛）雅緻茗品

　　（如風香氛）珍賞帽盒

　　（霓采天堂）羽飾金籠

　　（美麗香氛）珠蝶翩舞

奇幻東方系列：運用東方設計原素、展現神祕與內斂的東方氣息。

　　（我心深處）輝煌長城

　　（歡沁香氛）東方流蘇

　　（美麗香氛）宮廷墜飾

海天遨遊系列：耶誕假期的到來，開心地享受出遊的每一時光。

　　（如風香氛）翠羽飄揚

　　（純淬香氛）璀璨珍龜

　　（歡沁香氛）閃耀風帆

　　（霓采天堂）尊榮飛航

Jay Strongwater設計師系列：國際知名設計師為雅詩蘭黛打造的典藏系列

　　（我心深處）奇幻祥獸

　　（純淬香氛）長青碧松

　　（美麗香氛）雋永留聲機

fresh

成立於1991年，Lev Glazman 和 Alina Roytberg這對夫婦將fresh的清新概念引入保養品香氛界。復古又摩登的店面裝潢、質純的成份原料、完善的服務，以及簡約精緻的包裝陳列，像是試用品、禮物包裝、做臉等貼心優惠，早已是名流巨星造訪之地，如湯姆克魯斯的太太凱蒂（Katie Holmes）愛用的紅糖去角質霜，奧斯卡影后葛妮絲派特蘿必泡的米酒浴，甜美女星凱特哈德森（Kate Hudson）喜歡的頂級面霜Cream Ancienne，皆是香氛系列之外的明星商品。

Sake 清酒淡香精

fresh Sake香水，充滿溫暖的甜桃香氣、明亮的蘭撒果水果香，加上帶有東方情調的蓮花與桂花花香，創造出有如絲段般滑順的清酒淡香水。

經科學證實，以白米釀造發酵的清酒，於發酵過程中所產生的酵素，可幫助加速血液循環，促進新陳代謝。而清酒淡香水中融合了清酒以米釀造的精神，並以香甜的白米開始發想，採用清甜的甜桃為主軸，並配合著東方情調的蓮花與桂花，以及薑的萃取物，創造出fresh獨有的清酒氣息。「清酒」香水的味覺前味混合葡萄柚、蘭撒果及薑，中味則有甜桃、蓮花及山谷百合，後味是東方風情的桂花、香草、麝香及白檀香，甘甜優雅。

清新怡人度★★★☆☆ 甜美可愛度★★★☆☆
性感誘惑度★★★★☆ 珍藏價值度★★★★☆

Index系列

fresh Index系列香氛共有15種的不同香味，以天然植物萃取的精華，濃縮在典雅簡潔、毋需過度包裝的瓶身中。值得一提的是，fresh Index系列淡香精，可重疊交互使用，同時任意使用2種、3種甚至更多種香味互相調和，搭配出自己專屬的香氣，並從中獲得玩味香氛的樂趣。

fresh Index系列淡香精好比一座浪漫雅緻的甜蜜花園，如石榴淡香水，香味猶如「熱情紅唇」，帶來如冬天般清新的親吻，脫俗的香氣有著愉悅感。柑橘、荔枝淡香精的香味，像是可口的甜點，帶著成熟的金黃水果香。而粉紅茉莉淡香精香味則是浪漫甜美的香氣，花香令人心曠神怡。

清新怡人度★★★★☆ 甜美可愛度★★☆☆☆
性感誘惑度★★☆☆☆ 珍藏價值度★★★☆☆

Giorgio Armani

　　Giorgio Armani 1934年出生於義大利米蘭近郊的Piacenza。本來要進醫學系的他，在服完兵役後改變念頭，進入百貨公司擔任櫥窗佈置人員，之後負責男裝部門，讓Armani見識布料和剪裁的重要性。他先後擔任過CERRUTI的設計師等職務，並在1970年成為自由設計師。在1975年的米蘭服裝秀上，以GIORGIO ARMANI的品牌名推出男女裝。80年代米蘭的時尚界靠著GIORGIO ARMANI、VERSACE、FERRE等三大品牌，與巴黎並列世界時尚之都。

　　從男裝發跡的ARMANI，藉由義大利特有手藝精神，讓男性西裝、女性套裝有著低調又有魅力的質感。晚禮服則是高貴優雅，更是幫助眾多女星在紅毯上展現美麗的常勝軍，例如茱蒂‧福斯特（Jody Foster）、茉莉亞‧羅伯茲（Julia Roberts）等，皆是ARMANI禮服的愛載者。除了電影界之外，也透過贊助方式，讓球星如NBA的派特‧萊里（Pat Riley）、老虎‧伍茲等運動明星穿著品牌服裝，提升ARMANI不同層面的品牌知名度。

　　自GIORGIO ARMANI設立以來，以EMPORIO ARMANI、ARMANI JEANS為首，接連推出女性香水、男性香水、服鏡配件、彩妝保養品，還加上A/X ARMANI EXCHANGE、LE COLLEZIONI等副牌。

Acqua di Gio 寄情水

　　於1995年問世，靈感來自潘特列拉島，是一款詮釋島上南方香味的香水。瓶身設計模擬一枚被浪花和細沙磨滑的鵝卵石，光滑、純樸、簡潔，瓶中碧綠的香水，仿如艷陽下清澈的碧綠海洋。香味屬水凝花香調，前調有著輕柔的香甜瓜揉合飄逸清新的梨香；中調包含小蒼蘭及白色風信子的溫婉平靜，揉合茉莉的性感及清晨玫瑰的純淨；餘韻則帶著麝香氣息，加添了豐盛的感覺及深度。整體有著剛洗完澡的清新，且有著持久的溫馨度。

清新怡人度★★★★☆ 甜美可愛度★★★☆☆ 性感誘惑度★★★☆☆ 珍藏價值度★★☆☆☆

Code

　　於2006年推出，瓶身以乾淨、平滑的性感曲線，襯著由深至淺的寶石藍而設計，猶如一幅充滿神秘與對比的刺繡飾品。東方花香調，有著令人著迷的橙花組合，透出不著痕跡的女性魅力，即時散發無比性感。

　　前調香味開啓了地中海般的耀眼明亮，清新的如灑上橘香的初綻花瓣。中調優雅如謎般的突尼西亞橙花香，包覆著稀有的森巴茉莉，揭示極緻女性魅力。基調橙花柔軟的女性特質，加上蜂蜜般的馬達加斯加香草，正是誘惑密碼的最終結語。

　　Code女香適用於夜晚和秋冬季節。

清新怡人度★★☆☆☆ 甜美可愛度★★☆☆☆ 性感誘惑度★★★★☆ 珍藏價值度★★★☆☆

Givenchy

在優雅的50年代,提起法國品牌Givenchy「紀梵希」,人們最先想到的是高檔時裝,腦海裡同時浮現奧黛麗‧赫本的身影;而她在電影中的造型,包括電影「羅馬假期」、「珠光寶氣」、「甜姐兒」與「偷龍轉鳳」等,皆由紀梵希負責打點。而紀梵希1957年推出的L'Interdit香水,更是特別為赫本設計的。紀梵希捕捉到她純潔高雅的清麗氣質,更成為赫本一生的形象造型師。

出身法國貴族後裔的紀梵希(Hubert James Taffin de Givenchy)放棄成為律師,24歲時投身巴黎時裝界,1952年於法國巴黎創始品牌,與Christian Dior並駕齊驅。在他41年才華橫溢的設計生涯中,不用譁眾取寵的手法,也不盲目跟隨流行。如同Givenchy先生所說:「紀梵希的產品古典高雅如藝術,流暢而充滿靈性,賦予服裝本身自然的從容自信風采。」

1988年,紀梵希把公司出售給LVMH集團。1995年7月11日,

紀梵希經歷了43年的時尚風華，宣布引退。他最後一次出現在台上時，全場起立向這位時裝界的偉大紳士致敬，場面十分感人。接著執掌設計大任的先後是設計師John Galliano和另一位英國設計師Alexander McQueen，還有義大利設計師 Riccardo Tisci等。連續幾季下來，也將Givenchy傳承精神發揮的恰到好處。再加上彩妝的創意和香水的推陳出新，更讓Givenchy成為時尚舞臺恆久耀眼的一顆星星。

　　紀梵希的香水很豐富，歷史更勝彩妝，但於1989年推出的經典彩妝Prism菱形蜜粉，以獨特四種色塊的設計獨步美妝界，據說靈感來自貝聿銘在巴黎羅浮宮前所設計的金字塔建築。而紀梵希經典的4G LOGO，分別代表其品牌的4個精神──「Genteel經典」、「Grace優雅」、「Gaiety愉悅」和「Givenchy紀梵希風格」，也直接訴求品牌一貫的堅持和信念。

Mythical Fragrance
紀梵希50週年紀念香水

50年等於二分之一個世紀。50年的創意和情感,加上50年的優雅和魅力,紀梵希香水50年的週年慶,重新發現10瓶具有代表性及故事性的經典香水,賦予它們新的包裝,讓它們重回世人的眼前,組合成—Mythical Fragrance「50週年紀念」香水系列。這系列包含已經停產的香水、市面上難以找到的香水,和幾款紀梵希近年的著名創作。

Mythical Fragrance系列有1957年問世的尊爵香水Le De,從一推出就是相當稀少珍貴的商品,只保留給少數特別客戶,味道彷彿像一捧精緻的芳香花束。 此外還有1959年的Vetyver「沛綠香水」,也是紀梵希先生的個人專屬香水;另有同年的Monsieur De Givenchy「紀梵希先生」,也是該品牌第一款銷售全球的男士香水。1970年的Givenchy III「紀梵希3號」也是其中的主打,為何是3號?因為紀梵希時裝店就位在喬治五世大道3號。而1986年的Xeryus「宙斯」,還有1993年的Insensé「經典香榭情人」都在此系列當中。

在標籤和外包裝上,男士香水採用巧克力棕色,女士香水則

是粉香檳色,而香水名稱以原本的顏色印製。這獨特的香水噴霧瓶,容量為一百毫升的淡香水或香水,瓶身搭配莊重大方的基座,光線遊走在透明和磨砂玻璃之間,形成細緻優雅的比例,這款原創性十足的設計,正是Pablo Reinoso的大作。

女香還包括了1980年的Eau de Givenchy「季風」淡香水,是一款愉悅、青春和生命熱情的香水。而紀梵希1998年的Extravagance d'Amarige則是將一股自然生成的活力創意注入1991年曾推出的「愛慕女香」,創造出耀眼且率真的Extravagance d'Amarige香水魅力。另外1999年問世的Organza Indécence,則是感官享受的極致表現,其木香調組成的香水中味,可完全沒有添加花香於其中!

當中最值得一提的,便是1957年的L'Interdit「禁忌赫本」,更是紀梵希經典中的經典!這是一則家喻戶曉的香水故事,源自紀梵希先生和奧黛麗赫本的親密友誼。

奧黛麗‧赫本當年鮮活的呈現紀梵希先生心中美麗和優雅的神情氣韻,於是紀梵希先生特別為她配製了這款香水。1957年,當他提到要將她的香水上市時,奧黛麗抗議道:「不,我禁止這件事發生!(mais, je vous l'interdis!)」L'interdit也因而成為這款香水的名稱。接下來「禁忌赫本」香水獲得空前成功,起初只在自家時裝店內銷售,之後則暢銷到全世界。

「禁忌赫本」屬花香乙醛調香水家族,乙醛的神奇特質大幅提升花香的純淨感,突顯芳香的散播力,襯出女性的柔媚氣質。前味是純淨、耀眼的保加利亞玫瑰花香,因乙醛而更加突出。中味有華麗的中東玫瑰花束和皇家茉莉,有著纖細粉嫩的幽香。紅胡椒淡淡的香辣味,讓人為之振奮,而紫羅蘭更添加了一種純真的味道。後味較濃郁,散發柔軟高貴的佛羅倫絲鳶尾花香,再搭配檀香及薰香神秘的氣息。

奧黛麗‧赫本的特質完美詮釋了它的香氛,如她所說的:「簡單和真實就是一切。」

Very Irresistible 魅力紀梵希

「魅力紀梵希」的原名是「無法抗拒的魅力」。她的魅力來源就在於其精華成分：玫瑰。包含來自於全球各地，屬性與香味都各具特色的玫瑰。含有35%的玫瑰精華配方，是香水界中玫瑰精華含量最高的香水，也是第一款前、中、後調均為玫瑰花香的香水！5種各具魅力的玫瑰，展現清新純真、夢幻、優雅、強烈、性感的多面向，藉由茴香的調和，為多變的玫瑰香氛注入一股活力。

以下是5種不同香味調性的玫瑰花，從純真浪漫到強烈大膽的多變調性：

1. 法國薔薇：結合溫柔、感性，充滿法國浪漫情調的法國薔薇，展現女性嬌柔、嫵媚的性感魅力。
2. 夢幻玫瑰：年少時的純真與夢想，在夢幻玫瑰的香調展露無遺，輕柔、純淨的香調，讓人重拾赤子之心，充滿活力。
3. 撒旦玫瑰：熱情、強烈的女性慾望，在撒旦玫瑰中盡情呈現，極具女人味的香味調性，反映出女性內心深處的渴望。
4. 牡丹玫瑰：大膽、明亮而開朗的調性，展現女性自主的明媚特質。
5. 摩洛哥玫瑰：優雅、聰明、時尚的都會女性，透過摩洛哥玫瑰展現幽默、聰慧的風采。

前調：浪漫的法國薔薇 & 純真的夢幻玫瑰
中調：強烈的撒旦玫瑰 & 大膽的牡丹玫瑰
後調：優雅的摩洛哥千葉玫瑰

「魅力紀梵希」是結合三位當代調香大師精華，將法式及美式風格完整融合的極緻代表作。以下是他們的經典代表作：

Sophie Labbe——紀梵希金色風華
Dominique Ropion——紀梵希愛慕
Carlos Benaim——雅詩蘭黛Beautiful

在設計師Pablo Reinoso的指導之下，「魅力紀梵希」優雅修長的三角扭轉錐體，如美女的柔滑曲線。瓶身色澤是漸層的玫瑰色，好似玫瑰的繽紛花香已沁透出瓶身，展現卓然迷人的美麗笑靨！

清新怡人度★☆☆☆☆ 甜美可愛度★★★☆☆ 性感誘惑度★★★★☆ 珍藏價值度★★★☆☆

ange ou démon
魔幻天使

ange ou démon「魔幻天使」是紀梵希2007年推出的香水創作，瓶身設計靈感來自於華麗的水晶燈，搭配上底部透明但上端卻深沉的漸層色調，維持迷樣的神秘。東方花香調散發明顯的誘惑，迷醉於光明與黑暗的巧妙迴旋中，勾勒出天使與惡魔的迷幻形象。

在「魔幻天使」耀眼的嗅覺世界中，以兩種元素為中心：最純潔、高貴的百合，加上最深沉、濃郁的橡木，創造出似是而非的矛盾對比。前味是活潑的花果香調，卡拉布里亞柑橘開啓了「魔幻天使」清新的前奏，帶點青澀和俏皮感，白色百里香的氣息增添新鮮、充滿朝氣的氛圍，再由藏紅花精華帶來一股濃又甜的花香，溫和瀰漫四處。

中味則是優雅精緻的百合花香調，呈現既清新又性感的香味，營造出優雅的柔媚女人味。以白合花為主調的中味裡，還蘊藏著兩種特殊的花香：玉唇蘭及伊蘭花。玉唇蘭是一種甜蜜溫柔的花，香味銷魂，彷彿情人深情的靠近。伊蘭花增添一種神祕的異國風彩，令人充滿好奇。

後味以珍貴的橡木精華為主調，以其獨特的沉穩香氣，賦予「魔幻天使」不同於花香所營造出的嬌媚氣息，帶來更深沉、寧靜的氛圍，彷彿具有魔法般使人迷戀。接著花梨木香帶來微妙的驚喜，它的香氣時而滑順，時而又像礦石一般無法穿透，讓人捉摸不著。「魔幻天使」所創造的迷人魅力，因為這兩款木質香味的交會而達到高峰。最後以夢幻的香草和東加豆，為這款香水劃下甜柔的句點。

清新怡人度★★☆☆☆ 甜美可愛度★★★☆☆
性感誘惑度★★★★☆ 珍藏價值度★★★★☆

GUCCI
ENVY
me

Gucci的創辦人Guccio Gucci原本在倫敦Hotel Grand Savoy擔任酒店經理，1922年回到義大利佛羅倫斯，開了一家專賣皮箱和馬具的小店，小店很快擴展成製作手袋和騎馬裝備的商店。

1937年，Guccio Gucci 在亞諾河畔開了更大的店鋪，首次推出源自於馬啣與馬蹬的馬銜鏈（Horsebit）設計，而這家商店即是Gucci品牌的正式發源地。隔年隨著業務的擴展，Gucci在羅馬開設新店。當時義大利處於法西斯政權的統治下，一般原料皆被控管，獨具慧眼的Gucci反而發現了麻纖維、亞麻、黃麻和竹等另類材料，賦予它們新的產品用途。

1939年，Gucci的兒子Aldo、Vasco、Ugo和 Rodolfo相繼加入公司，演變為家族經營的模式，並在1950年正式設定自己的商標。Gucci於1953年在曼哈頓第58街開設新店，之後的20多年，Gucci相繼在倫敦、棕櫚灘、巴黎、東京和香港等都市開設店面。並且首創將名字當成logo印在商品上的概念，更使得Gucci在50到60年代間，成為奢華精品的象徵。

但Gucci家族各種問題也接踵而至，70與80年代期間，外面有充斥市面的冒牌貨，品牌生產的品項又十分繁雜，加上公司內部的財務問題與家族間的糾紛，使得經營倍受考驗。好在自從90年代股權釋出和結構重整，Gucci的發展一日千里。

1994年，出生於美國德州的新銳設計師Tom Ford被指定為Gucci系列的創作總監。Tom Ford在紐約成長受教育，也曾赴巴黎進修，他的加入為Gucci灌注新的生命，也讓品牌東山再起，重新在時尚界活躍起來。雖然10年後Tom Ford退出Gucci，但影響力非常深遠。在Tom Ford的創意和領導下，Gucci服飾的黑色調、綠紅織帶和竹節裝飾皆有了新生命，新款流行眼鏡、皮包、手錶、小熊、太陽眼鏡、皮夾、皮帶、項鍊、鑰匙圈每每成為時尚話題，馬銜鏈、雙G緹花布的經典設計亦給人無數的驚艷，而香水的性感時尚風格也是品牌特色之一。

ENVY
ME
忌妒我

屬於GUCCI青春時尚型的魅力性感香水，穿上了ENVY ME，彷彿告訴大家看著我、想要我、忌妒我。透明的瓶身，覆蓋著甜美粉紅色的GUCCI雙G標誌，粉紅色的香水，表現出女性感性溫柔的一面，白色的瓶蓋，有著活力潔淨之感。

整體是清新花果調，前調有牡丹、茉莉及粉紅胡椒的輕柔跳躍；中味是荔枝、石榴、鳳梨，甜美又俏皮；後味的粉紅麝香、西洋丁香花、白茶檀木、柚木和白麝香，則留下獨特柔媚的氣韻，是一款年輕型的性感女香。

清新怡人度★★☆☆☆ 甜美可愛度★★★☆☆ 性感誘惑度★★★★☆ 珍藏價值度★★★☆☆

釋放出全新的「迴旋融合香調」。以紫蘿
蘭香為核心主軸，揉合紅莓果香、鳶尾花
香，從第一縷香氣便直接引出核心香氛，
宛如螺旋型的嗅覺漩渦，讓核心香調持續
顯現。

妙的是每個人都會在第一時間嗅到自己
最喜歡的香調：喜悅的紫羅蘭、誘人的紅
莓或感性的鳶尾花，透過迴旋融合其他香
味，慢慢轉化成全新的紫羅蘭核心主香，
瞬間點亮嗅覺的光芒，千迴百轉，令人迷
醉。

此款傲慢香水由兩屆奧斯卡得主希拉蕊
史旺（Hilary Swank）擔任全球代言人。
她大膽挑戰高難度的個性角色，即使是擔
任配角，仍認真努力展現絲絲入扣的精湛
演技，充分展現無畏果斷、自在自信的行
事風格，是一位兼具知性與感性美的現
代新女性。而這些個性特質與法國嬌蘭的
「傲慢」，所要傳遞的意涵完全相符。因
此自2006年連續3年，史旺以「傲慢」代
言人的身份，將「傲慢」所要傳遞的新世
代女性特質，從內到外向世人推廣。

Insolence 傲慢

2006年10月，法國嬌蘭推出全球第一
款「無畏式核心結構」香氛—Insolence
「傲慢」，顛覆傳統前、中、後味，從
第一縷香氣便直接引出核心香氛。到了
2007年6月，嬌蘭再推全新力作「傲慢
貼身香水」，黑金鋼管鏡面雕塑造型，具有
方便隨身攜帶的設計，隨時隨地展現時尚
品味。2008年「傲慢」在周年推出限量
版香體粉Insolence Shimmering Pow-
der Brush-body，表現在香水之外，另
一種不同的魅力。

法國嬌蘭「傲慢」香氛是由創造L'
Instant「瞬間」的Maurice Roucel，與
嬌蘭香水創意總監Sylvaine Delacourte
傾力完成的傑作。「傲慢」創新的「無畏
式核心結構」，運用優雅的花香與果香，

清新怡人度 ★ ★ ☆ ☆ ☆　甜美可愛度 ★ ★ ☆ ☆ ☆　性感誘惑度 ★ ★ ★ ★ ☆　珍藏價值度 ★ ★ ★ ★ ☆

L'INSTANT de Guerlain 瞬間

　　女人心中的夢，宛如香氛在記憶中的印記，在某些時刻跳出，或像旁觀者般提醒著夢想的存在及實現的可能。即使是一點點的情境或一些相仿的物件，都能讓女人感覺到幸福與滿足。法國嬌蘭的L'Instant Magic Ead de Parfum詮釋的「瞬間魔力淡香精」正是女人夢想渴望的縮影，也代表一種優雅安定的幸福。

　　法國嬌蘭於2003年推出的香水力作L'INSTANT de Guerlain「瞬間」，首創獨特的「雙金字塔」香氛結構，由琥珀香調相互貫穿牽引，呈現嶄新的香氛體驗，讓女人的魅力，藉由香味瞬間散發！甫上市便獲得FIFI香水奧斯卡「年度最佳女性香水獎」、「年度最佳女性香水瓶身設計獎」及「年度最佳賣場人員推薦最佳香水獎」等三項大獎，表現相當突出。

L'INSTANT Magic 瞬間魔力

　　到了2007年9月，法國嬌蘭延續「瞬間」的「雙金字塔」香氛結構，全新推出「瞬間魔力」淡香精。創新的「魔力六次方」香氛結構，以豐富的中味，展現不同層次的「白麝香」調，更強化幸福與滿足的氛圍。前味是開放式的東方花香—小倉蘭，接著配以白麝香為主的中味，更加入嗅覺中最易感受的「魔力六次方」香氛結構。

　　根據研究，昆蟲的複眼是六角形結構，大自然中如水的結晶及蜂巢均是六角形結構。法國嬌蘭以大自然現象為靈感，研發出「魔力六次方」香氛結構，創造出穩定、持久的中味。而其中的佛手柑、玫瑰的花果香調及後味之雪松、檀木的木質香調，更添加帶來幸福感的微暖甜味；整體賦予女人感性而婉約的特質。

清新怡人度 ★★★☆☆　甜美可愛度 ★★★☆☆　性感誘惑度 ★★★★☆　珍藏價值度 ★★★★☆

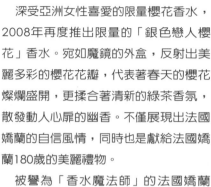

銀色戀人櫻花香水

Cherry Blossom Delight

深受亞洲女性喜愛的限量櫻花香水，2008年再度推出限量的「銀色戀人櫻花」香水。宛如魔鏡的外盒，反射出美麗多彩的櫻花花瓣，代表著春天的櫻花燦爛盛開，更揉合著清新的綠茶香氛，散發動人心扉的幽香。不僅展現出法國嬌蘭的自信風情，同時也是獻給法國嬌蘭180歲的美麗禮物。

被譽為「香水魔法師」的法國嬌蘭第四代調香師Jean Paul Guerlain，於1998年的東京之旅時，將充滿視覺之美的繽紛春櫻，幻化為亞洲限量的櫻花香水，旋即成為亞洲明星香水之一。而「銀色戀人櫻花」香水則是法國嬌蘭2008年的全新創作，在瓶身設計上，以透明無瑕的光澤感，點綴如花苞般的瓶蓋，裝飾著銀色櫻花花瓣，精巧摩登的設計，宛如時尚配件。同時更加入無數細緻的銀炫粉紅亮粉，輕搖瓶身，亮粉緩緩旋轉，就像落入凡間的粉紅天使，使人著迷。

銀色戀人櫻花香水以柑橘、花香調慢慢勾勒出香氛的氣息，然後逐漸帶出香氛的核心。基調則揉合浪漫的櫻花與清新的綠茶，融合出純真的香氛。而輕柔的粉紅色澤，就像妝點了閃耀光澤修容的雙頰，嬌俏可人。

清新怡人度★★★★☆ 甜美可愛度★★★☆☆
性感誘惑度★★★☆☆ 珍藏價值度★★★★★

花草水語
香水系列
Aqua Allegoria

法國嬌蘭「花草水語」香水系列，是專屬調香師Jean-Paul Guerlain以讚頌花果，表現對大自然敬意所推出的，香氛猶如一幅幅色澤鮮明的視覺饗宴，深度優雅的詮釋大自然的純淨氣息。近日推出的「甜橘」淡香水及「歐白芷」淡香水，發揮極致嗅覺想像力，大膽創新以兩款主元素，創造宛如二重奏的香氛基調。延續法國嬌蘭獨特的「Mix & Match」混搭概念，可根據不同心情，依照不同的噴灑順序，調配出專屬於自己的花語香氛，時時都能擁有活力好心情。

甜橘自古在中國便是進貢給皇室的聖品，新鮮香氣與微酸的味道，展現出動人的活力；而素有「皇家香料」的羅勒，所蘊含的辛香，長久以來即被運用在消除疲累及對抗焦慮。這回嬌蘭將甜橘及羅勒（Mandarine－Basilic）大膽結合，誕生一款清新明亮的淡香水，開啟一趟從植物到香料的嶄新香氛之旅 。

羅勒展現如香草般的新鮮香氣，在洋甘菊及白牡丹的爭鳴下，保持住甜橘的幽香，並同時回應充滿活力的綠茶熱情香調，和長春藤、羅馬甘菊的草本芬芳。再加上透明琥珀與優雅的皇家木質基調，皆是引領用香者體驗深度的清新氛圍。

而另一款「歐白芷」淡香水擁有甜美低調的野生歐白芷，散發著明亮香調，卻又隱約帶著感性的麝香調；純潔無瑕的紫丁香，正如羞怯的花語代表，展現出甜美、無瑕、輕柔，再加上些許甜蜜的經典花香調，彷彿置身春天繽紛綻放的花園，令人難以忘懷。

野生歐白芷的活躍香氛融合由花園栽種的紫丁香香氣，加上散發著歡愉氣氛的紅胡椒，和在陽光下綻放光彩的苦橙，以及陣陣幽香的茉莉花，皆為這次花香調與純潔感的完美融合。完美前味烘托出歐白芷與紫丁香的中味，營造一股全新的歡樂氛圍，隱約散發出的伊蘭伊蘭與天芥菜香氛，更能突顯女性的柔美個性。

Hermès 愛馬仕

24, Faubourg　香遇法布街

Faubourg Saint Honore 是位於巴黎的一條街道，充滿世界級精品最耀眼的名店區，也是所有精品人仕的焦點，令人目不暇幾。

「24, Faubourg Saint Honore」是Hermès的總部及精品店所在地，因此以其24, Faubourg—法布大道24號為名，象徵愛馬仕的豐富成就和經典。自19世紀末開始，愛馬仕就以該址為總部生產馬鞍及馬具，它不僅代表愛馬仕的優良傳統及精湛的技藝，也因此將24, Faubourg「法布大道24號」的名稱深植於人心。

每年，愛馬仕都替其品牌定出代表當年份的獨特精神。1995年，正是愛馬仕的太陽年，它隆重的推出燴炙人口的香水—24, Faubourg，以Hermès的巴黎總部地址法布大道24號命名，將Hermès的精神發揚於此款香水上。

調香師Maurice Roucel創造的24, Faubourg香水，是屬於陽光的白色花香，從日出到日沒，都散發出陽光照耀的華麗橙花花香。伊蘭樹的光輝香氣，檀木與廣霍香絲絨般的柔滑甜蜜，再搭配上感官的香草香，香氣持久而溫潤，亦是黛安娜王妃生前喜愛的香水之一。

2005年，24, Faubourg的10週年紀念，愛馬仕以絲綢來慶祝這值得紀念的日子，玻璃雕刻家Serge Mansau為愛馬仕量身訂製，以絲巾為圖騰，用玻璃設計出典雅而美好的瓶身。讓香水的優美與絲巾相結合，感性的風情表露無遺。

24, Faubourg的絲巾香水，每一年所推出限定香水瓶，亦成為全球香水迷共同期待之盛事。

清新怡人度 ★☆☆☆☆　甜美可愛度 ★☆☆☆☆　性感誘惑度 ★★★★☆　珍藏價值度 ★★★★★

Calèche Delicate
驛馬車圓舞曲

　　Calèche「驛馬車圓舞曲」是愛馬仕另一項經典,而Calèche Delicate則是討喜柔美的版本,香味粉嫩而清淡。前味為玫瑰、茉莉的花香調;中味反而是柑橘、粉紅胡椒、黑嘉蕬子的奇特果香調;後味的白色西洋杉、檀木香尤其持久,充滿著知性、浪漫的雍容和溫柔。整體所散發出的香味猶如絲緞般的環繞,展現女性柔美、優雅動人氣息。而透明、七彩光澤的瓶身,好比彩色糖果紙一般,包裹著許多清新、活潑、夢幻的想像。

清新怡人度★★★☆☆　甜美可愛度★★★☆☆　性感誘惑度★★★☆☆　珍藏價值度★★★☆☆

Eau d'Orange Douce
Douce中性清淡香水

　　清淡中注入柑橘的放鬆氣息,是一款鎮定心靈的清淡香水,有舒緩疲憊的功能。香氛在活潑中帶著些許溫柔,芬芳中散發著甘甜舒爽的柑橘香。

　　彷彿步入充滿柑橘樹的花園,Eau d'Orange Douce濃郁的森林氣息讓人全身愉悅、暢快,陣陣飄灑橙花般的清香。平靜之中帶著柔順、純潔,萊姆花葉沉靜了心靈,而香橙及蔓陀玲展現果香的歡愉。此外還有縈繞著的雪松、廣藿香和檀木木質芬芳,令人喜悅的歐薄荷調也清涼到來。

　　瓶身是清澈如水的薄荷綠,亦是視覺的舒緩,Eau d'Orange Douce的造型簡單素雅,道出清新舒暢、細緻愉悅的心靈芬芳。

清新怡人度★★★★★　甜美可愛度★☆☆☆☆　性感誘惑度★★☆☆☆　珍藏價值度★★☆☆☆

Kelly Calèche 凱莉驛馬車

　　一款新的「皮革」香氛終要面世：撫摸皮革的感覺，喚發纖細、紋理、柔軟、舒適和輕盈感覺，如同對經典凱莉包的愛撫，這便是Kelly Calèche「凱莉驛馬車」香水的精神。

　　喜悅、女人味⋯⋯回溯至法國南部卡布里斯的私人調香室中，調香師尚克勞德（Jean-Claude Ellena）摸索試著尋找屬意的旋律。當中有一組是寫上cuir d'ange「天使皮香」字樣標籤的瓶子，是他首次探訪愛馬仕皮革工坊時的重要發現。那兒存放著已經鞣製，正待送往工場的皮革。就在那空間，他發現那些皮革散發花朵般的芳香氣味，於是他把這種氣味的記憶放到瓶子裡─他的嗅覺記事本，並為它取名為cuir d'ange「天使皮香」。Kelly Calèche的香調整體是由含羞草、月下香、鳶尾花和薔薇完美調和，由花朵來表達皮革的芬芳

　　至於設計Kelly Calèche香水瓶的菲利浦・蒙給（Philippe Mouquet），曾仔細分析過不同款式凱莉包的特點：皮帶、旋轉鎖扣和金屬片。他從原本的Calèche香水瓶試著改良，設計靈感是擷自古典馬車上的油燈。

　　瓶頂的非凡設計，是菲利浦・蒙給的典型標記。由凱莉包啓發的金屬旋鎖，輕輕打開，露出的噴頭，隨時等候主人啓動後又回歸至原處，給予更多的便利性，非常貼心別緻。

清新怡人度 ★★☆☆☆ 甜美可愛度 ★★★☆☆ 性感誘惑度 ★★★★☆ 珍藏價值度 ★★★★☆

UN JARDIN SUR LE NIL 尼羅河花園

以自然為本是愛馬仕的文化,地球則是香氛的花園。愛馬仕追溯自然,跟隨著愛馬仕調香師Jean-Claude Ellena的腳步,探索世界的花園。

在UN JARDIN SUR LE NIL「尼羅河花園」中,香氛的邂逅也是新鮮的。一種混合嫩芽和果肉,暗藏著胡蘿蔔的清脆和蕃茄莖的青澀,種種都以青芒果來做最完美的詮釋,而葡萄柚苦澀的芬芳也隨之飄來。香氛中溢出蘆笛清新的草香和甜美的淡花香,蓮花的雅緻是介於風信子和牡丹之間。無花果樹的氣息,親吻著陽光,輝映著濕石間的清煙。尼羅河花園,一瓶融合了果香,青草香和木香的淡香水,令男女同樣著迷。

這個美好花園中包含愛馬仕熱衷採用的蓮花。在「尼羅河花園」淡香水包裝上,設計師Vèronique de Mareuil使用簡單的畫筆,精確且詩意的去捕捉蓮花萬種風情,含苞待放的蓓蕾、曲折的枝梗、圓形的葉子和豐盛的果實。流露情感的瓶身,是踏進幻想的第一步。它結合了光明及生命:一點抹綠與陽光金黃般的香水瓶身,正像是沙漠邊緣上充滿盎然綠意的河岸沙洲。

清新怡人度★★★★☆ 甜美可愛度★★☆☆☆
性感誘惑度★★☆☆☆ 珍藏價值度★★★★☆

Eau des Merveilles
橘采星光系列

在愛馬仕的世界，有些香息好比是詩歌，有些像是短篇的意境故事，有一些更類似擁有角色的長篇真實小說，充滿冒險、驚喜和成長。

愛馬仕專屬調香師尚克勞德‧伊恩納（Jean-Claude Ellena）於2004年開始創作的「橘采星光」，正是魔法童話三部曲中的首部曲，一瓶顛倒結構的極致淡香水，前調中散發出驚艷的木質調，隨後帶出是甜柑橘與木質調的完美調和，龍涎香、橡木、苦柑橘的完美調和，共同創造驚喜的感官覺醒。沒有任何花香的點綴，最終融合著依然是喜悅神采的微妙氣氛。

二部曲是「星戀」香精，這部小說將「橘采星光」的香氣緊緊濃縮在晶亮的銀色瓶子中。以相同的方式呈現，但是更濃郁也更神秘的方式，把將「橘采星光」的精華傾力展現，帶領人們飛入更精粹的童話夢境。

最後，Eau des Merveilles「橘采星光」──Eau de Parfum「巧戀香」就是三部曲的最終回曲。

法式柑橘的享受，配上新鮮香橙加巧克力，多汁新鮮的西西里紅橙包覆著可口的巧克力，香氣跳躍迷人，具體的感受讓視覺與味覺超越了嗅覺感官。想像一顆果實，沉沉的握於手中，溢出果汁。多汁新鮮的西西里紅橙結合巧克力，橘子果皮包覆著可口的巧克力。至於顏色，當然定是愛馬仕的經典：橘子色。

焦糖的溫暖、香草糖的舒逸，香濃牛奶的幸福感，焦糖帶著黑香豆的暗示，香草散發香息氣。濃郁的牛奶香調來自檀木香以及其它香濃木質調，帶來愉悅舒順的感官，甜甜的令人忍不住想飲用！

橡木萃取的沉穩、香脂樹息的感動、加上龍涎香的知性，象徵各個故事中的角色們來來去去，一會兒出現，一會兒消失，不變的是主角的永恆存在，而珍貴的龍涎香才是這篇童話裡永恆的主軸。

透過水晶球般的圓型瓶身，橘子色的玻璃瓶閃爍著數不盡的點點星光，看到了全世界。而愛馬仕的馬鞍鉚丁鎖住了瓶口，彷如封印，見証那神秘香氣魔力的永續存在。

橘采星光、星戀　清新怡人度★★★★☆　甜美可愛度★☆☆☆☆　性感誘惑度★★★☆☆　珍藏價值度★★★★☆
　　　　巧戀香　清新怡人度★★★☆☆　甜美可愛度★★★☆☆　性感誘惑度★★★☆☆　珍藏價值度★★★☆☆

Issey Miyake

三宅一生（Issey Miyake）在1938年出生於日本廣島，他於東京和巴黎進修之後，進入Guy Laroche、Givenchy吸取工作經驗，1970年在東京創立了ISSEY MIYAKE品牌，之後更推出副牌PLEATS PLEASE。

三宅一生為人態度謙虛誠懇，不擅長與媒體打交道，有著低調的神祕感，而他的熱情則充份投注於設計和藝術。他對服裝的詮釋是以藝術為出發點，認為穿著的人正是賦予這藝術品生命的能源，他認為人們需要的是隨時都可以穿著、易保養的輕鬆服裝，當中反應的亦是一種無結構、無拘束的人生態度。

三宅一生於自然界中觸發種種靈感，也在不同的人文角落找尋服裝設計上的可能性，像是茶道精神、日本和服、農夫裝、工作服都是他表現的主題，創作元素更融合傳統東方與西方的文化。三宅一生於1978年出版了題為「東西交遇」（East Meets West）的服飾目錄，更表達他對東西文化的觀感。他最富盛名的代表作莫過於皺褶布料的神奇運用，拿手的表現亦運用在絲料、人造纖維，還有彈性萊卡布褶等，來營造不同的個性和效果。隨時不斷開發新織品質料的三宅一生，不時令時尚圈驚嘆萬分！

三宅一生也常與藝文界結合，擦出另類的動人火花，而他的創作和生活哲學在西方設計師掛帥的時裝界獨樹一格，亦被時尚界和藝術界推崇為20世紀最有影響力的設計師之一。

LE FEU D'ISSEY LIGHT
火之光

繼「一生之水」的柔軟迷濛後，三宅一生的「火之光」香水點亮新的火花，以一瓶特別的球型香水造型來表達。「火之光」的設計靈感即來自PLEATS PLEASE縐褶，若在燈光下仔細的凝視著瓶身內透出的光芒，會驚訝發現如同三宅一生PLEATS PLEASE一樣的褶縐光采，彷彿火焰在一片冰海下，突顯出水晶般的能量質感。

美好的前味有玫瑰精油、佛手柑，中味是令人愉快的梔子花，性感的後味有乳白琥珀、木質零陵香。香調在清新、明亮、活潑的氣息中，有一股青春年華少女般的誘人，宛如透明冰球中藏著那紅色的烈火。

清新怡人度★★☆☆☆　甜美可愛度★★★☆☆　性感誘惑度★★★☆☆　珍藏價值度★★★★☆

L'EAU D'ISSEY 一生之水

　　在歷經YSL的Opium、Jazz、Paris香水的成功，品牌經理Chantel Roos與Yves Saint Laurence先生的合作止於1990年，且帶著沉重的心情離開YSL集團。資生堂集團那時決定在法國建立香水專業公司，並尋找一位適任的管理人才時，就決定要聘請她。當時她唯一的籌碼就是三宅一生的香水合約，但那還是衝著資生堂老闆Yoshi Fukuhara的面子簽的。那時大眾對這位設計師印象不深，因此Chantel決定將三宅一生香水定位成頂級的品牌，優雅素淨如同他的服裝設計。但是三宅一生本身不是很愛香水，他說：「我媽媽從來不擦香水，女人應該以水淨身，這才是最好的氣味。」最後這竟成為「一生之水」命名的由來。

　　三個月之後，Chantel飛到東京，帶著來自全世界各式各樣的「水」去提案，從沙漠的水到化學家的生成水，此舉感動了三宅先生，Chantel果然擊中重點。接下來呢？一樣地，跟著設計師一起研發瓶身，督導調香師創造「這瓶水」，它必須如同生命的符號，莊重又貼近人心。最後「一生之水」在巴黎、倫敦及紐約上市，三宅先生也以「一生之水」開啟更寬廣的名聲之路。

　　「一生之水」代表純淨、清新、幸福、活力的泉源，一如三宅一生所期望的，它代表一瓶生命之水。在與服飾完美融合的同時，三宅一生認為香水的瓶身應該單純而創新，呈現非常清澈自然的色調，如同陽光反射下的溫暖感覺。霧面的玻璃瓶身與白鐵金屬的瓶蓋，更展現出單純中的典雅。

　　「一生之水」的香調持久卻又清新，前味以睡蓮、鳶尾草、櫻草及玫瑰，散發淡雅的清新香味，如同水的和弦，來回跳躍在瀑布之間，濺得一身的花香。中味融合康乃馨、百合及初開的牡丹，芬芳又含蓄；後味有珍貴麝香、琥珀子、月下香、木犀屬、珍木，甜蜜而柔和，延續中味的委婉調性，似水一般輕柔的撫慰。

　　「一生之水」系列女香包含了香精、淡香精、淡香水，每年夏季還推出包裝獨特別緻的Summer夏季限量款。它不限季節年齡使用，正如愛香者們的「一生之水」。

清新怡人度 ★★★☆　甜美可愛度 ★★☆☆☆　性感誘惑度 ★★★☆☆　珍藏價值度 ★★★★☆

JEAN-PAUL
GAULTIER

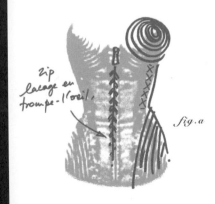

zip
lacage en
trompe-l'œil.

fig. a

Jean-Paul Gaultier就像惡作劇的調皮小男生，有著50年代巴黎色彩的因子，在孩童時期就畫著穿網襪的女孩。他還從垃圾桶中撿出錫罐，直接改成手鍊條，他的玩具熊是他創作髮型和染髮的第一個試驗品。

Jean-Paul Gaultier18歲時替Pierre Cardin工作，1967年替Jacques Esterel工作，接著是擔當Jean Patou的Michel Goma和Angelo Tarlazzi的助理。1976年，他冒著風險成立自己的公司Jean-Paul Gaulier，設計了第一件線衫和短芭蕾舞裙，由錫罐製成的首飾，和二旁分開的迷你折裙。Jean-Paul Gaulier開始和傳統理念對抗，準備征服巴黎時尚界，並在1978年推出首次的發表會。

Jean-Paul Gaulier是一位有著衝突性的完美主義者，自從他第一次服裝發表會後，Jean-Paul Gaulier成為混合流行性別和文化的代表人物。他所有服裝都是從傳統服裝中得到靈感，再被重新結構，創造自己的流行。

自從於80年代以瑪丹娜的圓錐形胸罩震驚全球後，這位可愛的流行冒險家，更不斷的呈現驚人且多變的流行面貌，隨時滿載創意活力，不斷將生命和熱情注入於他的創作中，包括香水。

同時對Jean-Paul Gaultier高堤耶而言，香水代表一切，必須視覺、觸覺、嗅覺兼具，才是一款真正完美的香水。

高堤耶第一支香水瓶身的設計理念就是女人。他抓住閃過的靈感，在一張白紙上快速的素描Jean-Paul Gaultier女人曲線，瓶身就此抓住世人的視線和好奇，且年年換新裝。

高堤耶自創作香水以來，即認為這瓶「永恆女人」是他典型理想女人的化身，高堤耶香水展現出女人脖子以下臀部以上的軀體，沒有臉部也沒有腿部。「她」可以是全世界各種女人的化身，因而充滿想像力和創造力。高堤耶第一款香水「永恆女人」於1993年推出後，每一年每一季，他不斷的為「她」穿衣、換衣，宛如展現高堤耶服裝秀一般令人驚艷。

CLASSIQUE

香水身著CLASSIQUE著名的緊身束衣，開啓另一款透明與無光澤的設計規格，並將Jean Paul GAULTIER高堤耶立體標籤刻在瓶身的腰部部位。此外還有造型高雅的可補充式噴霧瓶子，像一件量身訂製的設計作品，以個人使用習慣為出發點，令瓶身的功能更顯別緻多變。

香調中的玫瑰、大茴香果實、薑，以及橙花組成溫和與愉悅的氛圍，喚醒所有味覺感官。清爽和嫵媚正介於柔滑與絲綢間的嗅覺；香草則輕巧的散發微妙薄粉香，再帶點被琥珀木覆蓋的輕紗。大膽和令人嚮往的玫瑰花香，散發出喜悅和奔放的優雅。

清新怡人度★★☆☆☆ 甜美可愛度★★★☆☆ 性感誘惑度★★★★☆ 珍藏價值度★★★★☆

CLASSIQUE
搖滾巨星

高堤耶的限量香氛品——CLASSIQUE「搖滾巨星」，是Jean Paul Gaultier首次開啓緊身束腹設計的時尚香水秀。融合時尚與香水，身穿金色襯墊緊身束腹的經典優美曲線香水瓶，同心圓炫耀著完美堅挺的誘人胸像，搭配的大型拉鍊，邀請您一探經典香水的究竟。

輕柔的香味中，帶著含苞待放的玫瑰與綻放的東洋茴香，盛開在橙花及纖弱的香薑心裡；溫暖、豐厚的基底有香子蘭與琥珀木傭懶的混合著。同時，特別添加3種玫瑰精華，柔化女人的嬌嫩肌膚，更加嫵媚。

Jean Paul Gaultier認為女人的性感是會勾引男人的，同時又兼具柔弱、高雅及寬容心懷的矛盾美感。女人擺弄著浪漫的光彩，肌膚上散發著CLASSIQUE「搖滾巨星」香味，精妙的在柔嫩性感的肌膚上，留下芳香的痕跡。

清新怡人度★★☆☆☆ 甜美可愛度★★★☆☆ 性感誘惑度★★★★☆ 珍藏價值度★★★★☆

CLASSIQUE
玫瑰束衣

時尚頑童高堤耶自1993年推出以他為命名的第一支香水:「永恆女人」後,就不斷為他所創造的香水玩著換穿衣服的遊戲,平均每4個月就有新的香水作品出現。在上世紀末的時刻,這位法國設計師回歸到他最鍾愛且原始的設計元素,以網狀針織、黑色蕾絲及銅澤玫瑰,推出他這個世紀的謝幕禮讚:「玫瑰束衣」。

「玫瑰束衣」瓶身以困難度極高的「烙印技術」,分別以3層不同印花之印工,來表現這款高堤耶的力作。第一層呈現蕾絲的網狀針織,而以精巧的六角線格網鋪滿全身;第二層以黑色的蕾絲花朵做大範圍裝飾,訴說女性的優柔風味;最表層則以此瓶香水的主要元素:「玫瑰」做點綴。「玫瑰束衣」淡香精在其瓶身背後,並有象徵高堤耶典藏的蕾絲標記,成為高堤耶典藏名冊中的重要指標!

「玫瑰束衣」在香味上以更多花香調性,更溫實的香味表現女性溫柔特質:前味以珍貴保加利亞玫瑰及橙花香為主,展現如陽光滿溢的舒適感;中味則添加性感的馬來西亞蘭花、義大利鳶尾花及法國普羅旺斯的珍貴水仙,展現女人感性且輕柔的個性;後味則以琥珀、頓加豆及波旁香草為主,以精緻但溫暖的調性,表現出女性優美及華麗的一面。

清新怡人度★☆☆☆☆　甜美可愛度★★☆☆☆
性感誘惑度★★★★★　珍藏價值度★★★★★

CLASSIQUE 蕾絲

在1997年高堤耶在以「蕾絲」為主題的高級時裝展中,其華麗又粗曠的矛盾設計,引來全球時尚界和設計師的驚艷。高堤耶因而以「蕾絲」的主題創作,而成為其設計上的代表經典。

同樣的,身著蕾絲的香水瓶也一樣相當誘人,且更顯高雅與獨特。晶瑩的CLASSIQUE「蕾絲」淡香精的香氛,包裹在緊身束衣內的瓶子,感覺特別亮眼性感。當中的玫瑰花香傾力吸引,加上令人陶醉的西西里橙與蘭花香、琥珀及香草香,交織成的溫暖東方調,展現一股成熟且婉約的韻味,就像高堤耶的美感精神般,充滿挑逗又令人難忘。

清新怡人度★☆☆☆☆　甜美可愛度★★☆☆☆
性感誘惑度★★★★☆　珍藏價值度★★★★★

Gaultier2

時尚頑童Jean Paul Gaultier的兩性發想，延伸到這款香水的瓶身創作上！Gaultier2不單只是一瓶香水，且又可分為兩瓶，成為代表2人的單一香水，也是別緻的「共用型」香水。當2瓶身以磁鐵緊緊吸引住時，強調的就是異性相吸的緊密膚觸；但兩瓶卻可以各自單獨取下使用，強調的又是兩性關係中的自由呼吸！

Jean Paul Gaultier解釋Gaultier2的2，其意義不僅僅在於「男性」與「女性」，其實還包括別的觀點，他說：「合而為一的魔法，是吸引力、是感官力、是香氛的力量……2，是純粹與純粹的邂逅，也是2的魔力！」

Gaultier2的香氛元素十分簡單明瞭，但又充滿強烈個性。Gaultier2回歸傳統，選擇歷史最悠久的香水基調，綜合香草、琥珀、麝香，分別表現出愛、神秘與性感的人類性情，成為廣被接受、不分男女皆愛用的香水。

清新怡人度★★☆☆☆ 甜美可愛度★☆☆☆☆ 性感誘惑度★★★★☆ 珍藏價值度★★★★☆

Kenneth Cole

是否真的有一個品牌曾以貨櫃起家的？有的，那便是來自紐約的Kenneth Cole。1982年品牌創立，最初僅有女鞋系列，在一次鞋展中，他正式將設計的鞋款系列發表，別出新裁的租了一台拖車，馬上當場販賣，如此戲劇化的氣氛，果然引來投資者的注意，知名度大開。

Kenneth Cole中上價位的市場定位令品牌更容易被接受，並一直在快速拓展中，目前已經有男女裝、鞋類、包包、香水及各配件類。而香水系列無論是香調或是瓶子的設計，都有別於一般奢華花俏的流行，內外精神皆展現Kenneth Cole的紐約都會風—簡單和自信。

極富創意的Kenneth Cole，對於公益亦不遺餘力，同時他也是時尚界設計師中，第一位公開支持防治愛滋病的成員。他在1997年獲得CFDA所頒發的人道主義獎，到了2000年更拿下CFDA年度男裝設計師獎，以及紐約雜誌所評選的年度時尚大獎，更證明了他在時尚界的一席之地。

Kenneth Cole的皮製品是最具有代表力的商品，有點粗礦洗鍊的簡約都會風格，頗受年輕都會男女的喜愛，耐用的材質與容易搭配的設計特色，更是許多個性男女的首選。目前Kenneth Cole的正牌主要以簡潔成熟的線條為訴求，副線Kenneth Cole Reaction品牌形象則更加年輕活潑。

Black for Her

美國設計師Kenneth Cole以實用性及紐約都會的時尚感聞名。除了服飾系列之外，Kenneth Cole也發展香水系列。 Kenneth Cole New York之Black系列香水靈感來自對Kenneth Cole品牌20週年紀念，並以黑與白的對比為主要色調，強調簡約的個性。

Black俐落的都會風格，強調因為黑暗而變得格外敏銳的感官觸覺。除此之外，Black也處處呈現摩登的衝突美感，女性化的夢幻甜美花香被包裹在深黑色的玻璃瓶身裡，神秘得反而令人忍不住想一探究竟。

Black沈郁的花香調，前味是黑紫羅蘭、白色風信子、新鮮柑橘的氣息；中味包含柔美的晚香玉、木蘭花、蓮花，引人遐想不已；後味的鳶尾花、檀木、麝香、龍涎香展現細緻又神秘的餘溫。香調持久而耐聞，兼具性感與獨特的個性。

清新怡人度★★☆☆☆ 甜美可愛度★★★☆☆ 性感誘惑度★★★★★ 珍藏價值度★★★☆☆

KENZO

　　KENZO是由高田賢三在法國創立的品牌，高田賢三在1939年出生於日本京都兵庫縣。由於從小受到姊妹們的影響，一起翻閱當時的流行雜誌，還投入製作洋娃娃的工作，奠定日後投身時尚界的基礎動力。

　　高田賢三1958年被文化服裝學院錄取，到了1960年，還是學生的他即獲得日本服裝界最高榮譽「裝苑」SOEN雜誌的第八屆大獎。他並不以此為滿，為了理想抱負，遠赴到設計師雲集的巴黎發展，被知名品牌Louis Féraud採用其作品，並學習到更多有關布料設計和印染技術的知識。1970年高田賢三推出第一次個人展，因用色大膽、風格新奇而聲名大噪，各大媒體也都爭相報導這位色彩魔術師，他的知名度也因此扶搖直上。

　　高田賢三是第一位打入巴黎服裝界的日本人，並且曾獲得法國政府頒贈的藝術文化勳章和騎士爵位。高田賢三目前已公開宣佈退休，但繽紛色彩與朵朵花兒的設計風格依然在LVMH接班設計師的貫徹下，風行時尚界。

　　高田賢三對顏色的高敏銳度和花朵圖案重疊的搭配長才，充份展現了熱情浪漫的自然風，但當中卻又透出優雅的民俗意境。KENZO在織品用料方面更是充滿創意，設計上結合東方的沉穩禪意和西方的熱情奔放，只要穿著KENZO的服裝走出去，任何人都會多看兩眼，十分具有特色。

　　KENZO於1993年加入LVMH集團，成為旗下的精品品牌之一，而KENZO的服裝、童裝、瓷器餐具、毛巾、寢具、飾品及香水等，均在全球受到更廣大的注目和喜愛。

SUMMERBYKENZO 晨曦之露

　　雖然說名字當中有SUMMER，但這款「晨曦之露」反而有著早秋優雅而迷濛的氣質。瓶身的設計是一片金黃色的美麗葉子，晶透的造型，彷彿是接受過陽光般的洗禮，展露出優雅的姿態，再搭配金色的霧金瓶蓋，有著一絲嫵媚和華麗的溫柔。

　　香調的訴求首先是帶出陽光般的溫暖和閃亮，包含新鮮檸檬、托斯卡尼柑橘，還有代表幸福的佛手柑。中味最明顯的主角應該是那杏仁牛奶的甜美味道，再融合含羞草與柔和的紫羅蘭葉，好像在空氣中蕩漾著溫柔細膩的自語。後味有沈靜的龍涎香、安息香木、白麝香的優雅，賦予這款香水知性的粉香誘惑。

清新怡人度★★★☆☆　甜美可愛度★★☆☆☆　性感誘惑度★★★☆☆　珍藏價值度★★★☆☆

FLOWERBYKENZO 罌粟花

FLOWERBYKENZO在2000年上市，它是KENZO的象徵花朵，也是KENZO最經典、最具代表性的一款香水。

一朵紅色的罌粟花正為繁忙的城市，譜寫出一首動人的生命樂章，這紅色的花朵展現出一種堅毅的精神，為這城市帶來樂觀與美麗氣象。因為紅色的罌粟花本身並沒有味道，KENZO為它創造了一種香氛，好比純淨自然與城市人文間的連結，展現一股清新的生命力。

清柔的花朵香混和著現代的韻味，一種微妙的融和，由3種香調巧妙組合而成，由花香的能量、香粉的能量和城市的能量中展現。一開始是充滿活力與亮麗的花香，綻開的紫羅蘭喚醒野生山楂的柔軟，保加利亞玫瑰釋放出的能量，和著淡淡的桂皮傳遞出優雅的召喚。

接著溫暖的香草加上閃爍的白麝香，混和了坦率與豔麗，散播出溫暖與豐富的香甜；樹脂的芳香則構成優質的淡木質香。

最後是一種大膽的擁抱，衍續著清新的香氛節奏，讓茉莉鼓舞著二氫茉莉酮酸甲脂（hedione）的催化，喚起明亮花朵的熱情。還加上cyclosal，花香的融合表露出一種堅毅的力量，給予香氛屬於它自己寬廣的香味。

香水瓶的設計靈感源至於現代建築藝術，並採用高貴的玻璃作為素材，亮麗光滑，直達天際，彷彿像都市最高的建築物一般。巧妙微彎的瓶身，好比花朵的莖脈，一朵紅色的罌粟花化身於一個清澈的玻璃瓶。為著如此精緻完美的演出，這款香水不單只有1種瓶身，它有3款不同的別緻瓶身，並依造不同的容量，紅花們各自擁有不同程度的綻放風朵。

清新怡人度★★★☆ 甜美可愛度★★★☆☆ 性感誘惑度★★★☆☆ 珍藏價值度★★★★☆

KENZOAMOUR千里之愛

FLOWERBYKENZO和KENZOAMOUR都是KENZO具代表性的香水，也傳達出KENZO品牌的不同面貌。一款是西方的都市之花，有著西洋的玫瑰、紫羅蘭等花香味；另一個則是東方千里之愛的櫻花、赤素馨花等木質麝香調。

這兩瓶香水都以真實的旅行故事為背景，帶來愉悅幸福的氛圍。千里之愛的調香師Daphn Bugey實現了兒時夢想，成為了一名調香師。她愛旅行，認為旅行是一種充滿美好與愛意的流浪生活，也是一種自我探險和驚喜的重要時光。

也因為旅遊，因為感動，她將KENZO-AMOUR塑造成一種由很多旅行回憶所組成的拼布。每一個旅行都被連結到新的嗅覺，包含美學、文化的發現和樂趣：例如生長在Borobudur寺廟前的赤素馨花、傳統緬甸女人用來洗臉的Thanaka木、日本花園裡盛開的櫻花樹等，這些都是充滿深刻感動的汲取。

KENZOAMOUR屬木質調香水，前味有日本櫻花的芳香、討喜的米香，還有被稱為「銀針」的白茶，有著溫暖安定的感覺。中味是小蒼蘭的嬌嫩帶著一股輕淡的幽香，就像印度女人的莎麗服一般。素馨花Frangipani Blossom是在印尼Borobu-dur廟前院開滿花朵的樹。擁有優美香味的素馨花，是溫和充滿陽光氣息的來源。後味的 Thanaka wood帶著些許龍涎香、粉末香和檀香相似的氣味，好似緬甸女性將Thanaka當成化妝品和裝飾品的傳統。白麝香White musk具有乾淨感性的味道，能讓香氣持久繚繞。

美麗的瓶子是由Karim Rashid設計，他在設計界相當有名氣，是英國和埃及混血兒。Karim Rashid很想要創造出浪漫、詩情畫意且觸動人心的作品。他的風格可被稱為「感性的極簡藝術」。

然而從每個角度看KENZOAMOUR瓶子的線條都不一樣。線條給這瓶子美麗的生命感，三個不同曲線的瓶身則是「愛意、溫柔、鳥與飛翔」的象徵。瓶子的三種不同顏色，代表著「旅行」，而這些亮麗顏色在亞洲很普偏，尤其是在印度和東南亞。外盒視覺形象也是一隻飛翔的鳥，三種不同的飛翔姿態在白底包裝下，則更顯優雅姿態。

清新怡人度★★☆☆☆ 甜美可愛度★★★☆☆
性感誘惡度★★★★☆ 珍藏價值度★★★★★

L'EAUPARKENZO
水之戀、風之戀

KENZO「千里之愛」女香上市後，另一作品即是「水之戀」、「風之戀」的改版新上市。延續KENZO香水的品牌元素——自然，改版也響應環保概念，將「水」做為「水之戀」與「風之戀」的新包裝主題。而形象視覺則見一對熱戀中的男女，在水中互相凝視而發生的愛情故事，充分展現人類與自然之水和平共處的美好。

女香「水之戀」的主視覺是一朵生長在水裡，外形飽滿的白色蓮花，她優雅的躺在深藍色的水面，靜靜吸引陽光的溫暖。當風吹過時，微微的波動激起一股柔性的浪漫與感性的漣漪，充份展現水的溫柔面。

男香「風之戀」的新包裝則是一股有生命力的水，原本平靜的水在風的帶動下，起了陣陣漣漪。在遠處碰撞岩石時所產生的那股力量，代表著剛性的堅毅與不敗的魅力。

「水之戀」的前味為蘆薈莖、冰凍過的水生薄荷、綠丁香，再加上桔柑的清甜；中味則以小茉莉、石蒜、百合和及白桃，共譜花香；後味則以麝香花、藍柏木和香子蘭夾共同為女性的溫柔婉約做陳述。

「風之戀」的前味是日本檸檬和芳樟樹葉，中味以水生薄荷和睡蓮葉組成清新香調，後味以沉穩的綠胡椒和白麝香收尾，象徵高雅的性格。

兩款香水皆屬清新調，雖然KENZO「風之戀」被定味為男香，但它沈靜優雅的個性味道，不少女生也挺愛使用。

清新怡人度★★★★★ 甜美可愛度★☆☆☆☆ 性感誘惑度★★☆☆☆ 珍藏價值度★★☆☆☆

La Prairie

瑞士第一家以抗老為訴求的調養中心Clinique La Prairie，主持人Paul Niehans博士在此締造了抗老奇蹟。1931年，瑞士La Prairie主治醫師Paul Niehans在手術台上為拯救一名甲狀腺損毀的女病患，取出一副小牛的新鮮甲狀腺，切碎浸泡於生理食鹽水中，然後抽取出浸泡液，直接注射到病患內。這項另類療法，竟讓垂死的病人奇蹟似的復活，還一直活到81歲！

Paul Niehans博士所開創的革命性細胞療法，也是第一個真正以老化（Aging）為對象的抗老技術。

不僅歐洲皇室貴族、名媛淑女，從世界各地慕名而來的名門巨賈，都曾在此享受驚人療效。從此，Paul Niehans持續進行兩萬次活細胞注射。直到1953年，他於德國發表他的治療法，自此被稱為「活細胞之父」，連教宗庇佑十二世都延請他擔任私人醫生。頓時世界上所有想要長生不老的富豪名流們開始前往瑞士，包括影星卓別林、英國總理邱吉爾、法國總統戴高樂、中東皇室、服裝設計師迪奧等人，都定期到瑞士進行回春療程。

ELLE雜誌曾經報導，有錢人嚮往的活細胞注射療程，大約為期一週，要價不菲，包括早上打一劑羊胚胎細胞肝萃取，下午則是院方規定的休閒活動或護膚療程。儘管活細胞療法至今仍是有錢人的回春療法，爭議卻未間斷過，醫界對於活細胞存著保留態度，也沒有真正核准活細胞療法。由於瑞士為中立國，不受環保及相關法規約束，故類似實驗可說是從未間斷。例如La Prairie以魚子系列保養品聞名全球，「活細胞療法」之廣泛運用皆可印證此情況。

針對如此的VIP客層，La Prairie香水的訴求當然也有所不同，高單價加上熟潤豐盈的香調顯而易見，雖說瑞士品牌的香水比不上法國香水的悠久歷史，但從華麗的包裝和頂級的價位上，依然嗅出一股特殊的尊貴氣圍。

清新怡人度★☆☆☆☆　甜美可愛度★★☆☆☆　性感誘惑度★★★☆☆　珍藏價值度★★★★☆

SILVER RAIN
銀雨

SILVER RAIN的靈感來自阿爾卑斯山的高空上，流雲雨的自然現象，那是擄獲陽光而形成的自然精緻美學，就像落入凡間的銀雨。

奢華香氛SILVER RAIN香水擷取雨的靈感和概念，花費3年時間，採用珍貴精純的精油調配而成。精緻雍容，瓶身如一滴銀雨，反映出la prairie品牌的奢華傳承及精緻要求。

Lacoste

提到Lacoste，許多人都會想到鱷魚和POLO衫。為了運動員在比賽進行時更自由舒適，法國網壇名人芮內‧拉寇斯（Renee Lacoste）特創造了高雅簡便的運動風格：白色衫、輕型布料及透氣編織，這些要素便是Lacoste POLO衫的起源。

至於Logo的那隻鱷魚，則源自於Lacoste在1923年參加台維斯杯網球賽時，與他隊長打賭，如果他在比賽中獲勝，隊長將送他一只鱷魚皮箱。一位創造出Lacoste「鱷魚先生」綽號的美國記者寫道：「他並沒有贏得那皮箱，但是他在比賽中像鱷魚一般勇猛。」打賭之後所贏得的外號「鱷魚」，更象徵著強韌和耐心，Renee Lacoste後來表示：「人們一定很喜歡我的這個綽號，因為代表我在球場上的頑強：決不讓獵物溜走！」回到法國以後，Lacoste的一位朋友為他繪製了一條鱷魚，並被他繡在他的夾克上，標誌便這樣誕生了。

至於品牌POLO衫採用了世界上最有耐力、最柔軟的棉花。在紡織時，紗線並成雙股，為求得統一品管，一件POLO衫一定使用同一批棉紗，這也就是Lacoste著名的「精紡」（petit pique）標準。這種編織結構由多重小蜂巢狀組成，令POLO衫的透氣性更好更舒適。1933年，Lacoste開始製作繡有鱷魚標記的網球衫，一舉改變男性運動服的面貌。第一件Lacoste球衫是白色的，它還在左胸繡了一個鱷魚標記，這也是品牌logo首次真正印製在球衫上。

70年後，Renee Lacoste所創立的品牌事業已經擴充到世界各地，包括運動裝、鞋類、香水、皮包、皮件、眼鏡、手錶。近年來力求年輕化的表現，加上運動明星代言人的加持及轉型成功，Lacoste有了更新的面貌，傳達著一股率性活力又輕便的時尚風！

LACOSTE INSPIRATION 靈感挑逗

　　從Lacoste品牌精神之一——「自在生活」的概念下發展出的一款女性香水Lacoste Inspiration「靈感挑逗」，詮釋出Lacoste的精髓，並承襲品牌充滿悠閒的生活方式，即興、正面與充滿機會的生活態度，也表現出女性活潑爽朗、好玩、且性感的一面。

　　Lacoste Inspiration「靈感挑逗」香水創新的成份組合，其成份包括淡淡的花香、濃郁的木質香與麝香，完美的前中後味形成多面的特質。石榴豐富多汁，月下香被認為具有神奇的能力，能夠激發浪漫的情懷；而茉莉則是用於製造香水中最美麗的優雅的表徵。

　　前味即興的和弦引爆出粉紅胡椒、石榴的氣息，還有西洋李與柑橘皮的熱情。

　　中味歡樂而優雅的融合了充滿鮮明的女性柔媚的花香，這種愉悅的花香結合了牡丹、茉莉、月下香與鈴蘭。後味隱然挑逗出乳狀的檀香、異國風味的香草、鳶尾花與麝香，所激發出的粉香性感。

　　瓶身是由法國設計公司Qu'On Se Le Dise所創作，瓶身的設計優雅、愉悅與輕巧，反應創新的現代古典，輝映著「與生活調情」的靈感。女性優雅是透過古典的圓潤與自然的流線型及玻璃重量來作詮釋。獨特的瓶身造形提供略微挑逗的味道，加上粉嫩的藍色香氛，真實反映著自由與生活間的交錯融合。

清新怡人度 ★★☆☆☆　甜美可愛度 ★★★☆☆
性感誘惑度 ★★★☆☆　珍藏價值度 ★★★☆☆

LANCÔME

　　1935年由阿爾蒙・博蒂尚（Armand Petitjean）創立於法國巴黎的LANCÔME，據說名稱來自法國中部的一座城堡，城堡周圍種滿玫瑰花，而博蒂尚本人因鍾愛玫瑰，認為女人就如同花朵般的美麗姿態，便以城堡為品牌名稱，玫瑰花因而成了LANCÔME的品牌標幟。

　　阿爾蒙・博蒂尚那時已經55歲，在這之前，他曾長時間在南美洲從事歐洲進口貿易工作。後來在機緣巧合下，他和現代香水調配之父Francois Coty合作，學習到香水藝術，便創立自己的新品牌LANCÔME。有行銷頭腦的他之後研發了5款新香水：Tropiques、Conquete、Kypre、Tendres Nuits、Bocages，並選擇在1935年布魯塞爾世界博覽會的開幕期間讓香水曝光。這五款以巴洛克風格包裝的香水，和當時流行的極簡派藝術風格大相逕庭，因此立刻成功的吸引大眾的目光。

　　但博蒂尚深諳一個品牌要真正成功，光靠幾款香水是不夠的。他說：「香水是有名望的，是別在胸前的花朵，美的產品是我們每天所需的糧食。」 因此博蒂尚進一步接觸科學領域，得到梅丁斯基博士（Dr. Medynski）的幫助，從穩定的免疫血清，加上蛋白質和維他命等活性成分，創造出一款滋養霜Nutrix。這款滋養霜一上市就非常受歡迎，幾乎等於萬靈丹，可以用任何傷口上，促進肌膚的防衛機制來幫助復原。

　　1938年，博蒂尚又開創新的脣膏產品。當時流行用脣膏紙來為雙唇染色，以達到口紅持久的效果，但是這種紙會讓雙唇變乾澀，使唇妝效果大打折扣。博蒂尚於是推出一款名為Rose de France的淡粉紅色脣膏，能讓雙唇散發出柔潤光澤，而且還加入了玫瑰香味，讓嘴唇更誘惑動人。同時，他也推出有18種色彩的Conquete香水系列蜜粉，這系列蜜粉到50年代都一直非常熱賣。

　　早期的蘭蔻主要有3項產品別：香水、保養、彩妝。近幾年，以快速的商品上市速度證明研發能力，並積極跨界與時尚合作，不僅請到知名服裝設計師擔綱藝術總監，為產品設計更具質感的精品包裝，並舉辦設計比賽，企圖讓彩妝與服裝能更完美結合。近年來LANCÔME也強力開發亞洲市場，推出愈來愈多質地清爽、有美白特性且適合亞洲女性的保養品。在強勢的保養品及活躍的彩妝發表之外，即使香水是LANCÔME在創建時的最初商品，但目前在行銷方面反而採取量少質精的策略。

　　回顧在世界大戰期間，蘭蔻更主張訓練一批美麗大使到各國家散播美的訊息，這些美麗代言人著實是優雅有效的傳播利器，也算是蘭蔻品牌代言人的雛型。而多年

下來，蘭蔻早已透過無數廣告詮釋各種類型的美女，從伊莎貝拉‧羅塞里尼（Isa-bella Rossellini）到她的女兒伊雷莎（Elettra Rossellini Wiedemann）、茱麗葉畢諾許（Juliette Binoche）、戴文青木，到影星凱特‧溫絲蕾（Kate Winslet）等人，她們的獨特風采既可呈現品牌價值，往往也能發揮對各類消費者的影響力。這些代言人不僅為蘭蔻寫下歷史，更豐富了蘭蔻的品牌，而每一位代言人都以個人的魅力與內涵，賦予產品新的生命力和特色，並持續為時尚美妝界注入各式不同的新鮮話題。

Trésor 璀璨

Trésor「璀璨」早在17年前就以一種極為特殊的東方花香味調（Oriental Flo-ral）香水，暗暗引發了一場嗅覺革命。那是一種矛盾、性感的女性特質，以白色花朵為主要基調，再藉由玫瑰花帶動整個香氣，如同一把由玫瑰花串起的花束。

Trésor「璀璨」香水結合了玫瑰調的極度細緻與桃花的芳香，散發出令人難以抗拒的甜美吸引力。柔滑細緻的內在還蘊含著2種可愛的花香，纖細、光亮的口草與鈴蘭精華，包覆在溫暖、木質的芬芳之中。當這股香氣透過強烈的麝香中，為極其溫和的特質加入少許琥珀，既濃烈又溫柔的混合著甜美的誘惑，讓Trésor「璀璨」成為香水中的永恆經典。

特殊精巧的方型晶透瓶身，正如其名，有著珍貴的含意，暖色的金黃，更令這瓶Trésor「璀璨」香氛透露著一抹貴氣，近期特別邀請了英國女星凱特溫絲蕾代言，以她古典略帶個性的親和氣息，為這一款香水勾勒出一股新的風貌。

清新怡人度★☆☆☆☆ 甜美可愛度★★★☆☆ 性感誘惑度★★★★☆ 珍藏價值度★★★☆☆

Hypnôse 魅惑

2006年 LANCÔME全球熱賣第一的魅惑香水，擄獲了無數台灣女性消費者的心，也造成上市第一個月即出現缺貨的熱潮。2007年，Hypnôse「魅惑」的魔力更持續發酵。「魅惑」淡香水的問世，展現淡雅香甜，性感更顯若有似無。

Hypnôse「魅惑」香水溫潤的東方木質香調，蘊含了前調的西番蓮，清新淡雅；而中調則是溫暖甜美的香草；後調則透出維提維（又名：香根草）的木質清香，交錯間產生深淺不同的多層次變化，華麗性感，適用於浪漫又熱情的夜晚。

紫色透明的水晶精緻瓶身設計，是創立於1950 年的魔幻（Magie）香水瓶的當代版，一如靈感源自日本和服的瓶身設計，將水晶柔和彎曲出的時尚線條，呈現女人在堅毅中溫柔、在俐落中優雅的當代意象。運用寶石切割出優雅的曲線，從每個角度看都閃著奢華精巧的光芒。

而新一代的「魅惑」淡香水，則是「魅惑」香水的姊妹家族，不但保留魅惑香水系列獨具魅力的東方香調，並調入清新的柑橘與姚金孃果，更多了一點甜甜的浪漫，卻足以將性感隱藏在若有似無間。在前段綻放淡雅的陽光香氣，適合白天的氛圍；中、後段溫暖、甜美的香草與維提維依然完美繾捲，在嫵媚女人味中調和出一股自信與灑脫，散發積極而優雅的氣質。

清新怡人度 ★★☆☆☆ 甜美可愛度 ★★★☆☆ 性感誘惑度 ★★★★☆ 珍藏價值度 ★★★☆☆

LANVIN

成立於1890年的法國浪凡LANVIN服飾是Madame Jeanne Lanvin所創立，她設計的作品融合了18、19世紀風格的袍服和具異國情調的金蔥刺繡禮服，成為20世紀初法國時裝界的代表，也是時裝界的一位傳奇人物，她充滿前瞻性的眼光在服裝界開創了許多第一。

1867年生於巴黎，從小她就展露藝術上的天份及商業上的敏銳。小小年紀就已經開始向Rue de Faubourg St. Honore的帽子店，銷售當時女性不可或缺的帽子，是她踏入時裝業的第一步。她跑進跑出送帽子，還被取了個小巴士的外號。

短暫的婚姻帶給她最鍾愛的女兒Marguerite，也開始Madame Jeanne Lanvin的服飾生涯。從童裝到融合各種文化民俗特色的女性服飾及高級男裝，充分展現她在服裝設計上的才華。

在致力建立事業的過程中，她知道在時尚業裡，香水是不可或缺的一環。她先後推出10款香水，1925年以MY SIN在美國闖出名號，是第一位擁有自己香水的品牌設計師。1927年特別為女兒30歲生日所設計的ARPEGE永恆之音香水，香味典雅華麗。黑色球型設計搭配金黃色古典圓形頂蓋，充滿神祕尊貴的魅力，也成為LANVIN的傳奇作品。母與女盛裝參加舞會的圖案，亦在1954年正式成為LANVIN的品牌標誌。

ECLAT D'ARPEGE 光韻

在2003年LANVIN推出的代表作——ECLAT D'ARPEGE「光韻」，創作起源來自LANVIN的傳奇作品——Arpege「永恆之音」在全球銷售達70多年之久的驕傲。

光韻保有Arpege「永恆之音」追求的永恆精神，更以現代感的新面貌，展現LANVIN創新的風格。

在外觀設計上，知名設計師Armand Albert Rateau讓ECLAT D'ARPEGE「光韻」保有Arpege「永恆之音」獨特的圓球瓶身，及母女共舞金色標識的原創經典設計。令人驚艷的淡紫色透明感則散發出一種純淨、優雅且更具現代感的明亮；亮麗的鑲鑽瓶蓋，是光韻高貴典雅的精髓。瓶身上鑲嵌著兩只金屬戒指裝飾，象徵著「女性香水與服飾」、「香水與藝術」，以及「相愛兩人」彼此間忠誠的結合。

「光韻」的香氛性感嬌柔、自然優雅，如微風般的紫丁清香和鮮明的西西里檸檬葉首先輕拂問候。漸漸的，紫藤花的柔和、綠茶葉的輕淡、蜜桃花溫柔的果香、紅芍藥的性感香氛和中國桂花的濃郁，混合出一種令人不可抗拒的情感，延續出「光韻」的中調。最終，散發出的是黎巴嫩白西洋杉持久濃郁的香芬，環抱著甜麝香和珍貴琥珀的優雅性感。

此款香水每年春季亦會推出精美限量款，以不同設計款的戒指裝飾，增加收藏價值。

清新怡人度★★★★☆ 甜美可愛度★★★☆☆
性感誘惑度★★★☆☆ 珍藏價值度★★★★☆

LOEWE

西班牙國寶級的皮革品牌LOEWE，藉由精緻皮革製工展現品牌精神。皮件世家LOEWE已有160年的歷史，創始人是德國工匠Enrique Loewe Roessberg。19世紀中期，Loewe在西班牙馬德里設立了皮革工作坊，製造小零錢包、鼻煙盒、手提包等小型皮件，精緻細膩的工藝技術和充滿地中海風味的優雅設計，非常受到西班牙貴族的喜愛。因此在1905年，Loewe得到皇室委任為「特許供應商」的最高榮譽。

但在20到30年代，西班牙局勢動盪不安，所以直至40年代，LOEWE品牌才開始設立專門店，並擴大產品系列，除在巴塞隆那設置全新的生產設備外，也逐步擴展銷售點至全球國家。

LOEWE早期也曾將觸角伸向時裝界，現今時裝界設計大師Giorgio Armani和Karl Lagerfield都曾是LOEWE初期的設計師。LOEWE的設計充滿西班牙的富麗色彩，地中海的橄欖綠、海洋的藍與白、鬥牛競技場的紅，皆是LOEWE強烈的特色。

隨著設計師Narciso Rodriguez於1997年入主，更將LOEWE領向新的里程，也將品牌加入時尚主流陣線中。LOEWE的服裝一舉年輕化，並且善加利用皮革製作技術，運用於成衣和配件，成為西班牙最頂級知名代表的品牌。對於LOEWE的再度復甦，Narciso Rodriguez可說功不可沒。

所有LOEWE服飾的基本精神就是著重在實用性。Casual系列強調自然而悠閒，其他細緻的皮革作工，無論在服裝或配件，都有獨特風格品味與質感。在LOEWE精細製作下，皮革應用更令穿著者深受感動。

礦物染為LOEWE最常採用的方法，且能保存皮革的自然柔軟。在LOEWE的品管下，都必需確保色澤深入每一層皮革。為達成這個目標，進行有機染時，皮革必須以長時間不斷浸洗。每一環節都必須小心進行，以確保色澤持久。

I LOEWE YOU
甜心飛吻

　　西班牙經典品牌LOEWE，在70年代創造了第一瓶女香L de Loewe。 後來陸續推出的六瓶女香，在歐洲和世界各地都有一定的份量地位。

　　2005年推出的I LOEWE YOU「甜心飛吻」，年輕而生動的氣息，好似一個充滿活力與好奇心、個性鮮明的甜美女孩。那天真純潔的魅力，正代表這一款流露著淡淡華麗，且充滿浪漫的清純香氛。

　　先是由葡萄柚、佛手柑與檸檬譜出明亮宜人的前調，有著初墜愛河的那股羞澀酸甜。

　　中調是混合保加利亞玫瑰，與飽滿的牡丹、茉莉，交織出甜蜜性感，是真實的浪漫與柔情。

　　基調則靜靜地散發出纖細、卻又極具挑逗性的香氛迷醉的白麝香，輔以波旁香草與木質香的甘甜，架構出雋永的戀情旋律。

　　透明粉紅色水晶玻璃瓶身，上面綴滿LOEWE的經典圖紋，取材自LOEWE的Pink Evidence Collection，投射出感性而愉悅的小女人風情。銀色金屬環上細緻地刻著I LOEWE YOU字樣，呼應著LOEWE摩登、簡約的品牌精神，香水的名字也以品牌名Loewe和「love」的諧音，表現出人人對愛情的甜美期待。

清新怡人度 ★★☆☆☆　甜美可愛度 ★★★☆☆　性感誘惑度 ★★☆☆☆　珍藏價值度 ★★☆☆☆

Love & Peace

　回溯至2004年12月，LOVE & PEACE
PARFUMS的總監在於蘇門達臘島地震後，
在拜訪斯里蘭卡東部時，見到歐洲的NPO
公益團體正積極輔導災後的重建，便開始
思考日本人可以為這些民眾做些什麼？能
否能藉著有涵義的商品，為現代的日本年輕
人提供具有「愛與和平」的啓示，並透過了
香氛，為日常生活帶來一種不同的感受。這
想法不只是為了一種商業消費行為，而是鼓
勵認真思考生活的態度。LOVE & PEACE
PARFUMS愛情魔法石正是由於這樣的想法
而誕生的。

　如同它的名稱所透露的，此香氛是獻給衷
心祈禱「愛與和平」的人們。

　LOVE & PEACE是取自品牌名稱的同名
香水。如同它的名稱所透露的，此香氛將獻
給衷心祈禱「愛與和平」的人們。或許因為
立意的良善美好，愛情魔法石似乎有著特殊
魅惑，在日系香水的品牌中一枝獨秀，銷路
看漲。而其中部分收益也將捐贈給非政府組
織的Peace Wins Japan（PWJ）。（PWJ
為1996年成立，不分民族、政治及宗教，
對難民及國內避難民眾、受到紛爭及貧困等
威脅的人們持續給予幫助的組織。）

　日系香水其實皆在法國調香製造，但在包
裝設計、廣告行銷方面則是由日本公司作主
導，主要是針對日本和亞洲市場的年輕人，
由於訴求別緻，香氛可人，近年來在香水市
場亦佔有一席之地。

Love & Peace
愛情魔法石

　　LOVE & PEACE瓶身設計以圓潤的四角瓶展現世界的LOVE & PEACE。並在香水中加入了「愛的能量石」玫瑰石英，屬於能量石的玫瑰石英號稱具有增加魅力、加強愛情能量、舒緩心理創傷的效果。

　　前味是令人心情愉悅的溫暖清新果香調，有著柑橘、黑醋栗、芒果、蘋果、忍冬花；中味是純淨花香調的神秘，包含茉莉花、玫瑰；後味則由檀香轉變為麝香的性感香調，整體有著酸甜討喜的可愛幸福感。

Love & Peace II
天使魔法石

　　而另一款甜美果香的 Love & Peace II天使魔法石，則在香水中添加了「水晶」，似乎更加強守護運勢的能力，讓人試著打開心靈的窗，寵愛自己。

　　增加守護運勢的方式為：先以手溫柔的包覆瓶身，集中意識向「愛的能量石」及「水晶」許願，再將香水噴在胸腔上方被稱為心輪的部位，即可將愛的訊息傳遞出去！

　　天使魔法石的香味組成：前味散發出葡萄柚、鳳梨、芒果及水蜜桃等甜味果香；中味則透露出小倉蘭、茉莉、玫瑰等清雅花香；至於後味則包含雪松、琥珀、麝香及香草的性感香調。

清新怡人度★★☆☆☆ 甜美可愛度★★★★☆ 性感誘惑度★★★☆☆ 珍藏價值度★★★★☆

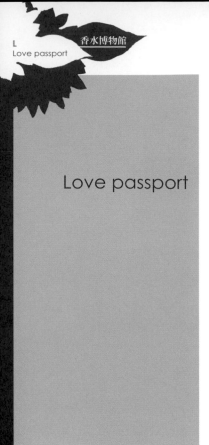

Love passport

Love passport「愛情護照」源自於世界知名愛情畫家Peynet雷蒙·貝內特之作品。貝內特將他對和平與愛情的渴望繪成著名的「情人」圖畫。畫中人物透過愛心與詩情傳遞愛與和平訊息。貝內特的訊息中,傳遞著他對愛的想法,並向全世界散播,給予人們浪漫的希望,和對未來光明的期許。Peynet說:「我始終嘗試專注所有事物的光明面,我誠心希望我的圖畫能夠帶給人們幸福與歡樂。」

他所鍾愛的妻子Denise,是他的靈感來源、生活慰藉、精神支柱,也是事業夥伴。畫中人物透過愛心與可愛的詩意傳遞愛的訊息,而這般希望和夢幻的啓示,也催生了「愛情護照」這一系列香水。

人們能深深感受到,在圖畫中,天使召回純潔的愛,耳語呼喚女孩並引起她的注意,告訴著她:「妳將要成為幸福戀愛世界中的一位。」紅色象徵著無限延伸的愛情想像,白色代表純潔無暇的珍貴情意,愛情的滋長,以開朗期待的心情,化身為愛的符號。「愛情護照」系列將各種對愛的期待轉化為香氣,融入在夢幻的情境中。

Love Passport 愛情護照

在Love Passport「愛情護照」這款香水的圖畫中,天使代表純潔的愛,而光滑精透感的瓶子,有著柔和的戀愛粉色,精緻的瓶身渾圓,帶著色澤漸層色彩效果,暗示十足的優雅精練,代表著女人的氣質與天真,熱情與溫柔。

清新前調的覆盆子與檸檬,輕柔隱藏在柑橘中,暗示著期待和愛意,純潔的中調有玫瑰,是愛情、美麗與歡樂的象徵,茉莉激起活力並給予撫慰,而迷人的純潔雪香蘭,配合香甜的蜜桃,更引出魅力風采,浪漫後調則有著自信感的香柏,和迷人的麝香與琥珀。

清新怡人度 ★★★☆☆ 甜美可愛度 ★★★★☆ 性感誘惑度 ★★★☆☆ 珍藏價值度 ★★★☆☆

A Bloom　心花綻放

　　另一款愛情護照的A Bloom「心花綻放」，則表現了愛的喜悅和芬芳，正如圍繞身旁的花朵芬芳一般，將滿滿的愛散發出去。「心花綻放」的主形象與外包裝設計，呈現出女孩發現那朵可愛小花的一刻。很快的，她將發現一個充滿芬芳的花園，甚至驚覺到圍繞她身旁的愛與幸福。瓶身的設計是取材自於Peynet所貝內特構思的中的戀人約會於在小涼亭約會的景況場景，而花瓣也是激發設計師創意的元素之一呢！

　　A Bloom的香調則藉由檸檬、佛手柑、葡萄柚、櫻桃葉等的清淡香氣，結合紫丁香、牡丹、鈴蘭等的初春仲夏氣息。最後散發出紫羅蘭、白麝香、琥珀等百花鬥艷的馥郁香氣，充份展現愛的氛圍。

清新怡人度★★★☆☆　甜美可愛度★★★☆☆　性感誘惑度★★★☆☆　珍藏價值度★★★☆☆

Rosy Sky　玫瑰天空

　　還有一款Love Passport最新的香水Rosy Sky「玫瑰天空」，搭上了流行的玫瑰花香調，呈現女孩仰望追尋愛情的期盼與喜悅。愛的心如氣球般朵朵飛向天際，妝點出玫瑰色的天空。香調較先前系列更加奢華明艷，藉著石榴、小蒼蘭等，與融合紅玫瑰、英國玫瑰、太妃蘋果等的大自然意象，最後則引入麝香、白麝香、檀木等，豐沛的大自然氣息，有著令人驚艷的效果。

清新怡人度★★☆☆☆　甜美可愛度★★☆☆☆　性感誘惑度★★★★☆　珍藏價值度★★★☆☆

Marc Jacobs

Marc Jacobs 1963年生於紐約市，1984年高中畢業後，進入名校Parson's School of Design就讀，在校時表現優異，當時曾一口氣獲得學校的三大獎項：The Perry Ellis Gold Thimble Award、the Chester Weinberg Gold Thimble Award，還有the Design Student of the Year Award。

1986年，開始自創品牌Marc Jacobs，之後在時尚界擁有「壞孩子」之稱，同時也有「紐約金童」的讚譽。在1997年，擔任Louis Vuitton品牌設計師時，依舊率性而為：長髮紋身的搖滾打扮，加上不少狂放有趣的行為，如拒絕CFDA獎或出席正式場合穿著球鞋又不梳頭髮。但這一切並不影響他在時尚界的地位。

即使作風自我，Marc Jacobs在設計時會很貼心，會想像到他熟悉女性們的性格和生活，並且展現優雅和活潑。廣告方面曾啓用當時在百貨公司順手牽羊的女星薇諾娜・瑞德（Winona Ryder）擔任代言人，此舉倍受爭議，卻引起更大的觀注和迴響。

設計方面為了突顯出現代感及女性美，衣料多用柔軟的絲綢、棉等，穿起來更自在。剪裁上不刻意突顯三圍曲線，卻在甜美中卻帶點叛逆。他亦以色彩來強調柔美感性，並保留一份都會氣息，適合經常活躍在外的女性。整體看似隨興，卻又親和幽默，十分的個性化。無論是服飾、配件、眼鏡、甚至香水的設計風格，在時尚界皆可說是獨樹一格。

永保赤子之心的Marc Jacobs，總是以其接近天才型的創意帶給時尚界不斷的驚喜。VOGUE雜誌給MARC Jacobs如此美譽：「他顛覆了新一代女性穿衣的哲學，注入隨性自在但又不失奢華感的元素，讓穿著的人不費力就能將時髦年輕的朝氣垂手可得。」

Marc Jacobs Perfume MJ同名女香

「香水，就像時尚的存在，是為了呈現強烈的個人風格。」Marc Jacobs如是說。

Marc Jacobs於2001年所推出的第一瓶女性香水Marc Jacobs Perfume，延續Marc Jacobs設計裡的基本精神，年輕、清新，強調感官美學。Marc Jacobs對於香水系列也同樣要求。漂浮在波光瀲瀲水上的新鮮梔子花香，與溫潤感性的麝香，令Marc Jacobs捕捉了它們彼此相遇的完美剎那，創造出經典

的Marc Jacobs Perfume。

　　簡約的瓶身中承載著有如漫步在仲夏花園中的鮮明香調，水霧般前味的西西里佛手柑、萬壽菊；接著是嫵媚的梔子花、白胡椒、埃及茉莉、金銀花，深具絕對的穿透力；木質後味的薄木、水晶、麝香，更帶出性感的暖意和誘惑。

清新怡人度★★☆☆☆ 甜美可愛度★★☆☆☆ 性感誘惑度★★★★☆ 珍藏價值度★★★☆☆

Daisy
雛菊

　　Marc Jacobs於2007年底推出讓人無憂無慮的Daisy「雛菊」香水，清新明亮的花香調香氛，象徵無拘無束、幸福國度的氛圍。

　　Daisy「雛菊」女香有如充滿青春活力的小女生，天真、俏皮而且魅力無限。Daisy「雛菊」的瓶身設計尤其俏皮，由柔軟邊框包圍著晶瑩剔透的玻璃瓶身，平滑又雅緻的線條象徵著單純美感的本質。圓形金黃色的瓶蓋上，散落著大大小小充滿生氣、潔白、觸感柔軟的雛菊花朵，加上中間鑲著金屬感的圓形花蕊，如同

　　Marc Jacobs總喜好以金屬材質，來點綴出獨特的時尚本質。

　　明亮的花香調首先以多汁而新鮮的野草莓、紫羅蘭葉和紅寶石般的葡萄柚，形成一股天真無邪的氣息。接著Marc Jacobs不忘他最喜歡的花─馥郁的梔子花、典雅的紫羅蘭和柔美的茉莉花，帶來如同天鵝絨般的滑順細緻。後味則由麝香、香草及白木，編織成一股和諧的溫暖，一切都是自由自在、隨性所至，清新、溫暖又振奮人心。

清新怡人度★★★★☆ 甜美可愛度★★★☆☆ 性感誘惑度★★★☆☆ 珍藏價值度★★★★★

Michael Kors

Michael Kors 1959年生於美國紐約長島的富裕家庭,畢業於名校Fashion Institute of Technology。80年代掘起於百貨業,但因為客層改變及市場變遷,美國百貨公司時裝部門的經營策略隨之調整,Michael Kors頓失重心,一度也曾因主副牌經營分際模糊而遭受批評。所幸他在名流界的人脈豐沛,加上設計風格穩定持平,擅長以優美合身的剪裁、性感又帶點剛毅的風格,將美式的實用性設計及歐洲的經典質感充份結合,長期以來亦培養許多固定的支持者。

在歐美各國,Michael Kors的配件和香水尤其受到好評,也成為紐約時尚的代表之一。Michael Kors近來更在電視實境節目「決戰時裝伸展台」(Project Runway)中擔任評審,言詞中肯犀利,令人見識到這位設計師更真實有趣的一面。

Michael Kors 限量典藏淡香水

「香水是我創造過最私密的物品,如同我的指紋。」——Michael Kors

第一款同名香水Michael Kors淡香精於2000年9月上市,是為了喜愛奢華的女性所創造的經典時尚香水,更在2001年香水FIFI獎中獲得女士香氛美國之星的殊榮。

相隔五年多,設計師Michael Kors再度獻上Michael Kors限量典藏淡香水,瓶身設計比以往更加耀眼奪目!香味濃度則比第一款的淡香精淡雅,延續以往充滿異國風味的濃郁花香,保留了Michael Kors的簽名字樣。

受到新古典主義風格的影響,瓶身設計延續過去菱形切割圖案的設計概念,以更多元的線與面交織而成的「M」形多面立體雕刻,強調Michael Kors的簽名。同時傳達「現代與傳統兼容並蓄」的風格,是一款具品味時尚感的香水藝術品。

整體花香中帶有細緻的異國情調,前調有小蒼蘭、佛手柑、玉桂子、 梔子花、杏桃的甜郁奔放;中調是夜來香、白牡丹、白星海芋的熱情與優雅;後調的藍色鳶尾花、印度香根草和喀什米爾木則具誘人而神祕的氣息,適合自信、幹練、且性感的女性。

清新怡人度★★☆☆☆ 甜美可愛度★★★☆☆ 性感誘惑度★★★★★ 珍藏價值度★★★★☆

Island 加勒比海

　　Michael Kors這位時尚設計師，近年來因為在「決戰時裝伸展台」這個節目中擔任評審，成為家喻戶曉的人物，其實他在歐美成名甚早，不僅對時尚很有想法，對於生活品味也有一定的堅持。這位從小在長島長大，紐約曼哈頓工作居住的設計師，喜愛到卡布里島和香港度假，他真的很愛島嶼，也懂得欣賞島嶼的魅力風情，他還說島嶼帶給他無限的創意及靈感呢！

　　而Michael Kors 的這款Island「加勒比海」香氛散發著島嶼風情，熱情性感卻依然有著濃濃的時尚風味，且圓滿融合了熱帶花朵與異國水果的馥郁風情。Island瓶身的造型靈感源自加勒比海，藍綠色的瓶身設計，象徵島嶼和海洋所散發的能量，自由寬廣而美麗。

　　Island的香調有著熱情的嫵媚島嶼風情，前調是夏威夷可愛島森林的活氧氣息，瀑布的純淨水花，帶著鸚鵡鬱金香幽微的芬芳，與一絲奇異果的酸甜。中調包含熱帶風情的黃玉蘭與野薑花，加上淡雅的保加利亞玫瑰與純艷的茉莉。而後調是白樹皮、水稻田、厄瓜多加拉巴哥群島漂流木的暖意氣息，芬芳持久。彷彿置身於海邊享受海風帶來的微微花香，令人真的有出國渡假的浪漫熱情！

清新怡人度★★★☆☆ 甜美可愛度★★★☆☆ 性感誘惑度★★★★☆ 珍藏價值度★★★☆☆

Montblanc

1906年，一名在德國漢堡的文具商計劃生產鋼筆，於是請了1位銀行家及來自柏林的工程師著手幫忙。這3位完美主義者：August Eberstein，Alfred Nehemias和Claus Johannes Voss發明了不需沾墨的筆之後，開創了震驚全球的革新，也創造了今日奢華經典的國際性商標MONTBLANC「萬寶龍」。他們在1908年發表第一款高品質鋼筆Rouge et Noir「紅與黑」，靈感取自思丹爾達外銷法國與英國的小說「紅與黑」。

原來這一家名為SIMPLO FILLER的鋼筆公司，直到1910創出一款在筆端上描繪著六角白星的黑色鋼筆，且將該款鋼筆命名為歐洲最高峰：白朗峰（Mont. Blanc），象徵其最高品質的意境，1913年這顆六角白星正式成為產標。自此，萬寶龍以精良的技術及創新理念為基礎，以提供純美無瑕的歐洲工藝著稱，追求歷久彌新的藝術感，具有恆久價值，更代表個人品味及卓爾不凡的生活形態。至今，Montblanc名筆已享譽逾百年之久。

MONTBLANC意指歐洲最高峰—勃朗峰，代表德國人的驕傲。萬寶龍從一間製造鋼筆的小公司，蛻變成為目前旗下有鋼筆、手錶、皮件和女性珠寶等多條產品線，全球擁有數百家自營店的世界品牌。自1987年被瑞士時尚歷峰集團（Richemont）併購，MONTBLANC萬寶龍有了瑞士的經營風格。尤其在全球電腦化興起，敲鍵輸入取代書寫之際，萬寶龍停止生產低單價產品，只做高價經典設計的精品筆，力行「把技術變藝術、把量產變限量」的品牌形象改造，例如將原本黑色單調的萬寶龍鋼筆，變成華麗的藝術品，改變以往消費者對鋼筆的認知。接著又將觸角擴充到香水、皮革、手錶、眼鏡等系列精品，傳達一種奢華又低調的新風格，萬寶龍在Richemont旗下，業績節節上升。

90年代時，更效法國際精品大廠，砸大錢設立萬寶龍直營旗艦店，更主張從贊助戲劇、繪畫及音樂領域汲取靈感，為萬寶龍每一件商品，注入獨特的藝文氣息。許多向來對奢侈品敬而遠之的人，卻樂於擁有一支萬寶龍鋼筆。有趣的是，在眾人一片不看好的聲浪下，現今萬寶龍非筆類產品，已超過總營收的四成，其中表現最突出的莫過於皮件，而香水品也同樣倍受好評。

Femme de Montblanc 璀璨晶鑽

　　Montblanc為慶祝成立百年紀念，特別推出Femme de Mont-blanc「璀璨晶鑽」全新女香。此款東方花香調的女性淡香水，抓住了夜晚豐富的熱情，精巧的融合了多種果香，再加入多元富饒的花香而成，是奢華、魅力與愉悅感的交織。

　　Femme de Montblanc「璀璨晶鑽」全新女香的創作靈感來自於某個夜晚的劇院中，調香師旁邊的兩位觀眾身上截然不同的香味，混合後的強烈性感誘惑力，令他精神為之一振。如此有趣搭配，好似一道別緻可口的美味。

前調：佛手柑、覆盆子、桃子、鳳梨、豆蔻
中調：土耳其玫瑰、橙花、仙楂果
基調：巧克力、頓加豆、廣藿香、薄荷、琥珀、檀香、香草、麝香

　　值得一提的是，Montblanc女香的紫晶紅瓶身設計，靈感來自Montblanc獨特的鑽石車工。Montblanc曾花了8年研發出璀璨的43切面車工技術，此技術靈感正源自歐洲最高峰白朗峰。

清新怡人度★☆☆☆☆　甜美可愛度★★☆☆☆　性感誘惑度★★★★☆　珍藏價值度★★★★☆

MOSCHINO

　　義大利品牌MOSCHINO的創始人Franc Moschino，1950年出生於義大利米蘭，原是美術系的學生，1971年開始為設計師Giorgio Armani擔任素描師，展開個人的設計生涯，並且陸續為Gianni Versace等其他設計師工作。但Moschino天生不安於室的頑童性格，令他不想再為他人工作，1983年創立MOSCHINO個人品牌，3年後推出第一款男性服裝系列，並於第一場服裝SHOW中大放異采，以一反常理的趣味幽默來嘲諷流行規則。之後延伸出3個Labels，包括Moschino Main Line、Moschino Cheap & Chic和Moschino Jeans，風格價位雖然有所區隔，但都常看的到他的經典classico con twist（classical with a twist）顛覆手法。

　　雙魚座的Franco Moschino有著慈善家的精神，人權、和平主義、生態環保皆由他的創作精神發揚光大。Smile & Peace——微笑與和平，一直是MOSCHINO傳達的兩個象徵理念。他的服裝上常常會出現鮮黃色笑臉的Happy Face，以及Peace反戰和平標誌和「紅心」圖案，除了給人好心情外，也具有警世的提醒，在創作中經常可見詼諧、幽默的設計理念。Moschino認為，流行並非高不可攀，也不是少數人的專利，而是隨時發生在生活中的一些小小遊戲。在那看似戲謔而誇張的表現手法中，卻隱藏著對世界的關愛。Moschino對一般流行時尚風有一定的嘲諷度，伸展台上常有驚人之作，例如做成牛奶盒狀的包包，剪成乞丐裝的CHANEL套裝，皆讓人留下深刻的印象。

　　Moschino的好友透露，Moschino私下愛搞笑、多才多藝，他喜歡把不同的風格混搭在一起。他的創作空間可以從文藝復興橫跨到超現實主義，也可在幾秒內繪出草圖，他非常明確知道要什麼，而且皆能表現出來。他不僅是設計師，也是一位詩人、畫家和攝影家。

　　1994年Moschino因病辭世，他的家人、同事和朋友決定按照他的願望和理念，繼續經營其品牌，接替創意總監工作的Rossella Jardini同樣以幽默獨特的設計精神，持續傳遞著Moschino愛與希望的主張。

Cheap & Chic I Love Love
愛戀愛

　　這款Cheap & Chic Moschino的「愛戀愛」香水 I Love Love，奧莉薇是橘色、淺藍、純白的普普風造型，展現出精巧的俏皮和甜美。香調是清新花果調，有著振奮心情的功能，前味包含著柑橘、檸檬、葡萄柚、紅醋粟，像可口的果汁；中味有著香甜的茶玫瑰、肉桂葉、鈴蘭百合、燈心草，是清新的回甘；後味則是清雅的西洋參和橘木，以及麝香的微溫。

　　I Love Love是屬於春夏的可愛香水，活潑中擁有獨特的風格，適用於白天各種場合，也是入門香水的優質選擇之一。

清新怡人度★★★☆　甜美可愛度★★★★☆　性感誘惑度★★★☆☆　珍藏價值度★★★★☆

MOSCHINO®
PARFUM

CHEAPANDCHIC
ALTER AND EGO

Cheap & Chic by MOSCHINO
奧莉薇

　　Cheap and Chic by MOSCHINO香水系列是MOSCHINO特別為活潑、開朗、進取的新女性所做的全新詮譯，以義大式的幽默，加上色彩鮮豔與逗趣般的造型，將MOSCHINO的流行規則透過經典而有趣的奧莉薇，表現得更加淋漓盡致。

　　Cheap & Chic「奧莉薇」香水的前味由佛手柑和小豆蔻所組成，引領進入清新澄澈的愉悅香氛。活潑的巴格達睡蓮，帶出最耀眼奪目的中味，並結合牡丹、仙客來花、野薔薇、紫蘿蘭及茉莉，組成一簇神奇而曼妙的花束，感覺置身在一座舒適的花園裡，徜徉於鳶尾花、檀香木及香根草之間。最後，白色蘭花與天然香草，帶出花瓣的香甜，裊繞著東加豆、麝香及灰色琥珀的別緻馨香。

清新怡人度 ★★☆☆☆　甜美可愛度 ★★★☆☆　性感誘惑度 ★★★☆☆　珍藏價值度 ★★★★☆

L'eau Cheap & Chic by Moschino 快樂奧莉薇

L'eau Cheap & Chic by Moschino 「快樂奧莉薇」香水2002年版，就像Moschino主張的名言：「Never take yourself too seriously.」自然就好，千萬不必太ㄍㄧㄥ！

想像你走進清晨的花園，L'eau Cheap & Chic by Moschino 「快樂奧莉薇」香水的透明花果香調，是最迷人的地方。五月玫瑰、鈴蘭、風信子、水仙、荷蘭海芋、鵝莓與向日花等，充滿清澈淡逸的花香，組合出一曲百花香的合唱。而清澈的透明琥珀花、清新提神的柳橙與溫暖香根，甚至小小提味的八角，則是香味心情的暖色調，它們讓花香的清新保留的更完整持久，讓全身有一種淡花香的粉香感，鼻息甚至會意外和淡透的橘橙果香相遇。它像快樂的秘密小花園，隨時移動在每個地方，帶來喜悅與歡笑。

L'eau Cheap & Chic by Moschino 「快樂奧莉薇」香水，最有趣的地方當然包括奧莉薇瓶身，這個由各種弧度與圓形組合的可愛造型，已成香水收藏品當中一個無法取代的獨特標誌。「快樂奧莉薇」2002年版，除了香味全面更新，快樂與熱情的訊號則發揮在服裝，讓色調全面改變，帶來新世紀的色彩能量信號。綠色的頭形有奧莉薇典型的可愛髮型之外，綠色也代表天然大地的能量和清新快樂感覺，象徵出新生與萌芽，就像一個充滿清新、新鮮思考的心情與腦袋；橘黃色的身體服裝，則是帶來快樂、活力與俏皮的象徵，無論在視覺嗅覺上，都讓身心充滿了快樂的行動力。

清新怡人度 ★★★☆☆　甜美可愛度 ★★☆☆☆　性感誘惑度 ★★★☆☆　珍藏價值度 ★★★★☆

MOSCHINO *Couture!*

EUROITALIA SRL MONZA MI ITALY

MOSCHINO Couture! 衣！見鍾情

　「couture」是高級定製服裝之意。Couture!「衣！見鍾情」香水詮釋一個女人，當她穿上Couture! 時，鮮明的個性品味就此展露無遺。

　「衣！見鍾情」香水的外包裝，傳達的是毫不造作的熱情浪漫與強烈時尚感；輪廓簡潔的瓶身，冠以招牌的心形瓶蓋，紮上一條紅絨緞帶，中央並以一枚金色鈕釦固定。這是MOSCHINO的藝術總監Rossella Jardini所創作的第一款香水，他選擇以胡椒為主調的前味，花香為中味，並搭配香草與西洋杉為後味。不論在香調或外包裝，都展現獨特強烈的風格。

　想像這款香氛衣裳的領子是佛手柑與柑橘所組成，令人驚喜的是加上了淘氣、躍動的胡椒，更添俏皮感。腰身的線條則剪裁自牡丹、茉莉、石榴花與罌粟籽，燦爛的牡丹與茉莉，渲染出繽紛喜悅的色彩。飄逸的裙擺則散發出性感的氣息，由迷人的安息香、香草及西洋杉，共同編織出令人心醉神迷的嬌俏風情。

清新怡人度 ★★★★☆　甜美可愛度 ★☆☆☆☆　性感誘惑度 ★★★☆☆　珍藏價值度 ★★★★☆

Moschino Funny 愛・情・趣

　　Moschino Funny「愛・情・趣」淡香水充滿美味與驚喜的組合，銀色甜心的瓶蓋俏皮可愛，桃紅色鈕釦緞帶襯著粉藍晶瑩的瓶身，猶如一個幽默活潑的女性，有點甜蜜又有點Funny！

　　Moschino Funny「愛・情・趣」女性淡香水以Funny命名，原因是她的香調是充滿驚喜的組合。猶如一個在感情上勇於主動的女生，個性活潑迷人，對於感情有著獨到成熟的見解，更明白愛需要情趣培養，人生過程中的小故事與插曲，都是營造情感的養分。

　　前調是橙子、粉紅胡椒和紅醋栗的水果清香，有振奮精神的感覺；中調是雅緻柔媚的花香，有茉莉、牡丹、紫羅蘭，並伴隨著綠茶的清新；後調包含青苔和雪松的氣息，混和著溫暖性感的琥珀，若有似無的展現慵懶朦朧的天真和性感。

清新怡人度★★★★☆ 甜美可愛度★★★☆☆ 性感誘惑度★★★☆☆ 珍藏價值度★★★★☆

時裝界常聽到的「立體剪裁」，便是由Nina Ricci女士開啓的。1883年出生於義大利的Nina，14歲開始學縫紉，18歲時便已將自己的作品展示在精品店出售。1900年Nina移居到法國，到了30年代，開始在巴黎時裝舞台展露頭角，她正式出道時已經五十歲了。因為裁縫功力深厚，設計優雅，迅速成為當時少數成功的女性設計師，事業蒸蒸日上。

Nina Ricci的設計尤其貼近女人的心，展現出穿戴者柔美俏麗的風采。服裝包括完全手工縫製的「高級訂製服」與「成衣時裝」兩大部分，自1932年和她兒子Robert Ricci成立第一家高級訂作時裝店時，Nina Ricci就以精緻的手工，嫻熟的展露女性高雅獨特的氣質，至今在高級訂製服式微的情況下，Nina Ricci依然名列巴黎Haute Couture「高級訂製服」幾大品牌之一。典雅迷人的晚禮服亦是不少女明星走紅毯時的必選，影后瑞絲薇絲朋（Reese Wither-spoon）便是代表之一。

彩妝與香水的包裝設計，有著Nina Ricci慣有的甜美和典雅，瓶身造型皆透過與名師共同合作完成。飾品、配件也走秀氣恬靜的路線，近來更邀請新銳設計師Olivier Theyskens擔任品牌總監，他將Nina Ricci的作品融入了一點街頭元素，率性當中依然保留了Nina Ricci原有的經典氣質，頗受好評，同時也將品牌塑造的更年青、更活躍。

NINA RIC

L`air Du Temps
比翼雙飛

「比翼雙飛」是NINA RICCI推出的第二瓶香水，也是香水史上頗具代表性的經典香水。NINA RICCI繼1947年推出「比翼雙飛」，至今已有60年的歷史，這瓶香水為NINA RICCI在香水業界奠定穩固的地位。

NINA RICCI「比翼雙飛」蛋形的香水瓶身上，二隻鴿子比翼翱翔的姿態，原本是象徵大戰之後，苦難消滅、和平再臨，也道出戰後女性渴望重拾自由的心情。不過時至今日，卻成為不渝愛情的象徵。

香水瓶蓋上由法國雕刻名家所設計的雙鴿造型,讓這瓶香氛不言可喻的流露出愛與甜蜜的氣息。據說,這對著名的雙鴿,還曾為畢卡索、馬蒂斯等藝術家帶來創作上的靈感。

這瓶由17種自然香調配而成的L'air Du Temps,前味有佛手柑、桃子、橙花油、紫檀;中味是茉莉、蘭花、康乃馨、鳶尾草的嫵媚;後味則是由安息香、檀香、西洋杉、琥珀、白麝香做襯托。

比翼雙飛另有紀念版「天堂鳥」,出自大師Jean Guichard之手,為經典的和平鴿曲線瓶身,注入了粉嫩、漸層的新色彩,令優雅的水晶玻璃瓶,幻化成一抹飛舞的彩紅。

清新怡人度★★☆☆☆ 甜美可愛度★★☆☆☆ 性感誘惑度★★★★☆ 珍藏價值度★★★★★

Nina 蘋果甜心

Nina Ricci的Nina「蘋果甜心」,好比一個全新、吸引、迷人的現代版童話故事。從前有位漂亮、清秀的Nina公主,開朗的天性,讓人沒有距離;她是優雅的代表,尊貴的Nina Ricci世界是她的土國,她渴望一個特別的香氣、一瓶獨創的香氛,夢想香氛的童話故事自此開始,經由Nina Ricci的魔術棒輕輕一揮……

Nina公主無法抗拒這吸引人的瓶子,火紅色的蘋果刻劃出Nina Ricci的品牌精神。設計師 Jérôme Faillant Dumas採用當代古典的意象轉化為水晶蘋果,玻璃瓶身佐以鮮明覆盆子色與紅色光暈;銀色閃亮的葉梗,烙印著Nina Ricci的logo字樣,令人垂涎欲滴。

加勒比海檸檬及巴西檸檬的前味;接下來的是多汁焦糖般的中味,太妃糖蘋果露出強烈有趣的對比,牡丹與月光花的花瓣包裹著香草杏仁的甜美;而柔順溫和、裹著淡雅的木質調後味,有的是蘋果木、白雪松及淡淡的麝香。這是設計師Olivier Cresp與Jacques Cavallier的創意香水,有著動人的瓶身和香氣,觸動所有的密秘願望得以實現。

清新怡人度★★☆☆☆ 甜美可愛度★★★★☆ 性感誘惑度★★★☆☆ 珍藏價值度★★★★☆

paco rabanne

Paco Rabanne在1934年生於西班牙。西班牙內戰爆發時，20歲的他和母親來到法國，接著在巴黎修讀建築系，之後則轉入鞋類及手袋設計科修讀。而他踏入高級時裝的第一份工作是替Balenciaga、Dior、Givenchy等設計師工作室製作飾品。

1966年創立了自己的品牌—paco rabanne。有著建築設計背景的他，在設計時善於運用特殊的材質，像是金屬、塑膠料、皮革、唱片、珠珠、草編等，有時再搭配他喜愛的幾何造型概念，皆能創造出另一款獨特潮流。Paco Rabanne第一次舉辦高級訂製服發表秀時，特別請了12位黑人模特兒，身著實驗性的「超現實素材」服裝，搭配圓形或方形耳環，伴隨Pierre Boulez的音樂，引起時尚界的注目！當時的Coco Chanel女士稱讚他不只是一位服裝設計師，更像是一名金屬工藝師。

Paco Rabanne的設計是60年代的指標，而他本人的興趣廣泛，作品也包含電影的服裝造型。1979年推出具有品牌代表性的香水Metal，之後在香水市場即佔有一席之地。他同時是一位超自然主義信奉者，法國名伶Françoise Hardy也是paco rabanne品牌的忠實愛好者。

BLACK XS FOR HER
叛逆公主

BLACK XS FOR HER「叛逆公主」在2005年春天上市，帶著叛逆與驕橫的美麗，是巴洛克式的搖滾香水，獻給有型大膽、性感活躍的時髦小妞們！

在從前，人們相信黑色的hellebore（一種在聖誕節開花的玫瑰，通常稱為聖誕花）是女巫們最喜歡的玫瑰，因為它有引起幻覺的力量。獨特氣味來自玫瑰甜美的香氛，有麻醉的作用，並擁有神秘、黑色的心。在低於15度溫度的冬天開花，還可以在厚雪堆中成長茁壯，人們相信它在古時具有特別的力量，而她正是叛逆公主的中味精神。

BLACK XS FOR HER「叛逆公主」的香氣充滿對比衝突，卻又不可思議的契合！前調是羅夢子花苞、粉紅胡椒以及蔓越橘的結合，迸發最初的光澤火花。再加上黑紫羅蘭和可可花，正是中調的表現。接著注入一股女人輕柔氣息的瑪索亞木質（Massoia wood）、廣藿香與大溪地香草，那是全然迥異卻又極佳調合的特質，刻劃出華麗激情的最末樂章。

　「叛逆公主」的瓶身，充分展現這款誘惑的香氛。黑色的瓶蓋，混搭著瓶身的紅紫色，看上去就像是蘊藏神秘力量的心型寶瓶。瓶蓋設計成寶石般琢面，好似古老靈藥瓶子；而玫瑰則是最主要的圖案，再輔以銀色的刻字，點綴著花瓣及荊棘多刺的莖葉，再三吐露叛逆的氛圍。

清新怡人度★☆☆☆☆　甜美可愛度★★★☆☆
性感誘惑度★★★☆☆　珍藏價值度★★★★☆

PATYKA 百分百有機香水

PATYKA有機香水是從有機栽種的植物中提煉，是土地作物中上最精、最純的成份。這些植物是生長在天然、不受污染的環境裡，而且生長過程不沾任何農藥及化學藥劑，並經過Ecocert有機認證，也是世界唯一有機認證的香水。此外，有機香水與人工合成香水最大的不同，在於其豐富純淨的生命力，帶給身心感官更圓滿的感受。而天然成份中的獨特個性，更是一般人工合成香水所無法全然模仿的。最重要的是，有機香水具放鬆、激勵或提神的身心靈芳療效，持久舒暢，也是歐洲皇室多年沿用的青春秘方。PATYKA 因擁有自己專屬的實驗室及農場，致力於重現皇妃經典氣質，製造出高純度頗佳的百分百有機香水。

PATYKA是利用天然有機配方製作香水的公司，由於合成香料的成本便宜了40倍，目前幾乎所有的香水都是用仿天然精油的合成分子製成。然而，PATYKA因有自己專屬的製造商，可在用較合理的成本下自己提煉製造100%純天然有機香水，也是強調高賦香率的品牌。

PATYKA有機香水採晶瑩剔透的立方體瓶身，如寶石般流動出典雅氣質，瓶口則纏繞著專屬彩色細繩。

PATYKA有機認證香水共含有四種香味：芸香調、龍涎香調、木質香調、絲柏香調。最有趣的是可任選一種香氣，將它再和其他的香氣混合搭配，開啟想像和創意，組成屬於個人獨一無二的香味呢!

以下是PATYKA有機香水的四種香調介紹:：

HESPERIDÉ（芸香調）

清新閃亮、透明有活力，有著少女身上的活潑氣息，含有機純種薰衣草和有機萊姆，幫助鎮靜，改善失眠。

AMBRÉ（龍涎香調）

甜美魅惑的神韻氣息，神秘溫暖，含有機佛手柑，也受到不少歐美明星的喜愛。

BOISÉ（木質香調）

綜合有機葡萄柚、維吉尼亞香杉、有機沒藥樹等多種珍貴木材萃取的獨特木質香，帶來知性經典的風格，男仕也適用。

CHYPRE（絲柏香調）

高雅嬌貴的神秘感，優雅的香氣能平衡情緒舒解壓力，內含有機依蘭依蘭花和甜如玫瑰的有機香天竺葵。

因緣巧合進入服裝領域的Paul Smith，當初只想當一名自行車選手，然而一場車禍改變他的人生。17歲的Paul躺在醫院6個月，認識一群新朋友，在音樂和現代藝術方面，帶給他不同層面的啟發。加上他之前經過父親的安排，曾經進入一家布料批發商當外務人員，所以本身對服裝有一定的概念。於是在1970年，Paul和他當時的女朋友（即現在的太太Pauline Denyer）在家鄉英國的Nottingham開了一間小鋪，兩人合作無間，終於在1976年將男裝設計正式帶入巴黎時尚圈。

Paul Smith可說是英國代表性品牌之一，講究英式傳統的細膩縫製技巧，融入現代感的設計；著重實用性，又適時將歐式幽默展現於外；在材質與色彩的選擇上有特定的型款，令人驚艷。整體形象有著典雅的紳士風，卻釋放出討喜的摩登時尚感。目前各款商品加起來，總共有12個Labels，並且仍有異業結盟的作品推出。而Paul Smith本人概是總裁也是設計師，他的投入令品牌行銷全球35國，頗受世界各地好評，尤其在日本，更是大受歡迎。

Paul Smith的精品店更是極具特色，不少充滿英倫風的擺設，像精裝書籍、小玩具、棋盤、足球等，讓人在逛街時，可以感受到服飾品味之外，一股優雅而趣緻的氛圍。

Paul Smith Floral 花舞繽紛

Paul Smith Floral「花舞繽紛」的問世，是歌頌時尚大師Paul Smith的設計理念，以及他擅於取材生活之樂的獨特天賦。70年代復古風是最近的熱門話題，而藉由Floral瓶身上的花舞繽紛，更傳達出對美好70年代的回憶，包括嬉皮風潮所主張的信仰——愛與和平，以及包含花的精神和花童信念，也正好似Paul Smith對生活傳統又顛覆的看待，他的設計時時追隨正統英國文化的遺跡，但卻又常被用現代詼諧的角度去解讀，總是在復古和突破間搖擺。

Paul Smith Floral香氛，運用強烈而鮮明的色彩展現，風格卻帶著一絲詭譎調皮的氣息。清新充滿活力，在獨特輕巧的瓶身上，有著以手繪插畫與歡愉的色彩展現的70年代風格。流線造型的漆白香水瓶頂端，則是嬌俏粉紅加上明亮黃色精巧點綴，與圓型外盒上色彩繽紛的Paul Smith圖騰，做了巧妙地相互輝映，包裝在眾多香水中獨樹一格。

香調偏個性花果調，前味有著甜柳橙、粉紅葡萄柚、生薑、百合的可愛，中味則是持久且略帶知性和性感的木蘭花和蘭花，後味則以琥珀、麝香、頓加豆的溫甜帶出，可愛又不失時尚深度的有趣香水。

清新怡人度★★★☆☆ 甜美可愛度★★★★☆
性感誘惑度★★★☆☆ 珍藏價值度★★★★☆

ROSE

SMITH

PAUL

PAUL SMITH
ROSE

PAUL SMITH ROSE 玫瑰

清新、現代、輕盈、獨特、上癮、性感，通常這些形容詞不一定會和玫瑰香氛聯想在一起，但這瓶香水加入了Paul Smith的巧思，將經典的氣味重新詮釋，呈現一種屬於新世代的前衛高雅香調。

這款Paul Smith Rose香氛最主要的玫瑰品種，是以Paul Smith命名，也是他的太太 Pauline 創造的一款美妙生日禮物。 那特別為Paul Smith培育的玫瑰，同時而這也正是這瓶香氛的靈感來源。

Paul Smith Rose散發的香氣，道出夏日鮮紅的花朵和如牡丹的花芯，那外放的花瓣所恣意呈現的力量。花朵由著名英國植樹學家Peter Beales所培育，經過3年以上的研發，於2006年舉辦的Chelsea花卉展覽中，首次公開發表。如今那一叢叢的花朵，在Paul Smith的私人花園中綻放著。這也意味著一瓶獨一無二的「設計師香氛」誕生了，因為其閃耀的前味正是由設計師自己的花朵所萃取的。

Paul Smith Rose的香氣，是用一種名為Scent Trek的現代科技，從還在生長的新鮮花朵上所取得。和Paul Smith一起共同創作的調香師Antoine Maisondieu說：「我想將輕盈、愉快的特質，和一種在肌膚上柔軟如絲絨般的觸感相結合，我把Paul Smith Rose混合土耳其玫瑰精油和綠茶 ，並添加點木蘭花的光彩。木質香調的部份，則以清爽的西洋杉木表現出深度和結構，並伴隨柔和的香氣散發誘人氣息。」

瓶身和外盒包裝，同樣展現充滿令人驚豔的設計，由裝置藝術得到靈感的金屬瓶蓋，呈現一種工業性的陽剛本質，顛覆一般典型玫瑰香氛的表現方式。為了和香氛輕盈的感覺產生對比，具有強烈紮實線條的玻璃瓶身包裹著香氛，散發猶如淚滴般的效果。包覆瓶身於盒中的棉質香氛袋，印有特別設計的Paul Smith Rose花紋，和外盒包裝上的單枝玫瑰花相對應，讓整個感覺呈現耐人尋味的對比。

清新怡人度★★★★☆ 甜美可愛度★★☆☆☆ 性感誘惑度★★★☆☆ 珍藏價值度★★★☆☆

PRADA

回顧90年代時，黑色尼龍後背包滿街跑，那就是PRADA最令人稱道的熱門配件單品，因為大受歡迎，還成為街頭巷尾的仿製對象，也順道打響了品牌知名度。

PRADA草創於20世紀初，因當時的貿易事業與交通商旅頻繁，創立人Mario Prada開始製造一系列針對旅行用的手工皮件產品，並在1913年於米蘭開設一間精品店。可惜好景不常，到了1970年代，產業環境變遷，Prada瀕臨破產邊緣。到了1978年，擁有政治博士學位的Miuccia Prada披掛上陣，與其夫婿Patrizio Bertelli共同接管祖父創立的基業，帶領PRADA邁向全新里程碑。

Miuccia接手之後，發現PRADA仍是流於代代相傳的家族產業，一定要有創新與突破，不然很容易淘汰。Miuccia開始找尋非傳統的新穎材質，歷經多方嘗試，居然從空軍降落傘使用的尼龍布料得到靈感，以質輕耐用為號召，「黑色尼龍包」從此一炮而紅！

PRADA直至1989年才推出首次秋冬服裝秀，一反當時普遍的奢華設計，贏得不少讚賞。銜接1990年代，「Less is More」極簡主義順應而生，而PRADA簡約的制服美學設計正好領導時尚主流。1992年以設計師小名為副牌的Miu Miu，更擄掠了全世界女孩的心。

1993年，PRADA推出秋冬男裝與男鞋系列，旗下男裝女裝、配件皆成為現代摩登的最佳風範。1990年代末期，休閒運動風潮開始，PRADA推出Prada Sport系列，兼具機能與流行的設計，造成一股旋風。

PRADA亮眼的表現歸功於與現代人生活型態充分融合，不僅在布料、顏色與款式下工夫，在機能與美學之間取得完美平衡，舒適方便又有別緻的質感，各類設計中也隱隱透露著Miuccia Prada那股反傳統的創新精神。

從皮件、服飾、內衣、眼鏡、到近年推出的香水，PRADA已經成為雄霸一方的精品王國；版圖拓展到全世界。而Miuccia Prada女士也被華爾街日報推崇為歐洲最有影響力的女人之一。

Infusion D'Iris

　　Infusion D'Iris的靈感，來自於在充滿混亂又對立的世界中，尋求一種平衡和合諧。從喚起奢華復古年代的香水店記憶，到現代極簡又直率的清新鳶尾花香味，都從這瓶香氛的感官和情感中取得平衡。玻璃瓶身呼應了古時香水的瓶身設計，低調精細，卻又顯露雅致的現代感。並裝飾極具意義的Prada徽章標誌，那是為Muccia Prada女士的祖父於1913年所設計的。

　　在Muccia Prada女士創意的方向和啟發之下，Infusion D'Iris是由調香師Daniela Andrier所調製。 結合來自義大利的經典頂極成分，包括佛羅倫斯的Pallida鳶尾花和溫暖的西西里柑橘；香橙花和柑橘令人回憶起義大利的旅行。

　　鳶尾花提供了最顯著的香調，也是香氛的中心。這個組合聞起來像是鳶尾花的回憶，而非傳統濃郁的花香味，充分傳達「Infusion」浸泡的印象，是清柔且吸引人的女人味。

　　白松香和乳香黃連木呈現一種強烈對比的綠意，由地中海區的乳香黃連木，混合伊朗的白松香。兩個成分為香氛帶來一種持續的清新安息香和濃郁焚香味，也增添一種性感撩人的特質，並提供平衡的甜度，讓香味更持久。香根草和西洋杉的混合木質香調，散發性感驚奇的特質。這兩種成分帶來些許腐化的對比，讓香味避免成為太過典型的女人味。

　　Daniela Andrier說：「這瓶香氛就如同一個夢境、一個義大利的旅行……一種清爽亞麻床單的乾淨味道，也像裸露的皮膚。這瓶香氛是由天然精油和頂極萃取精華所組成，沒有模仿任何現在調香最新潮流的影子。她完全沒有遵照任何嗅覺，或描述女人應聞起來是什麼味道的刻板印象……」

　　或許也因為Infusion D'Iris沒有一般女香的刻板印象，才格外令人印象深刻吧！

清新怡人度 ★★★★☆　甜美可愛度 ★☆☆☆☆　性感誘惑度 ★★★☆☆　珍藏價值度 ★★★★☆

香水博物館

PRADA
Parfums

See the movie Thunder Perfect Mind by Jordan and Ridley Scott
www.pradaparfums.com

Prada Tendre

Miuccia Prada的創意主導，加上國際調香大師Carlos Benaim與Clement Gavarry的參與，以最頂極的原料入香，擷自原Prada經典香氛的精髓，共同研發全新的Prada Tendre淡香精。

香氛原料保有Prada經典香氛的精髓，延襲Prada原有的頂極「琥珀」香氛概念，擷取來自印尼的廣藿香葉、印度檀香、法國岩薔薇樹脂，以及暹邏安息香為此香氛的主要香調。以下正是Prada Tendre的精彩演繹：

鮮活：綜合著廣藿香葉、維吉尼亞雪松、巴西檸檬、橙橘、義大利橙花精油及佛手柑的登場。其中的地中海柑橘精油、雪松膠脂香精油與巴西檸檬，共同散發出熱情的的柑果香，引出誘人的印尼廣藿香，漸漸釋放出淡雅、甜美的主香調。柑橘調則增添了一股蓬勃的生氣與清新。

奢華：法國岩薔薇樹脂融合著瓜地馬拉豆蔻與南美馬黛茶葉，滴滴萃取均包覆著溫暖而醇美的香氣。經過蒸餾粹取後的辛辣小豆蔻籽香料，更成就了這特殊而奢華的香氛。

流暢：來自暹邏的珍貴安息香是近似香草般的樹脂，生長在蘇門答臘島，曾被用於古老薰香的配方，深邃且神秘的與法國紫梅結合，散發清新內在的流暢感。

絢爛：印度檀香精油隱身在常綠的檀木心材及根底中，自古代延用至今，蒸餾後的精油釀成柔和、充滿木質調的冥思氣息。印度茉莉與海地香根草，引出淡雅層次的檀香精油。純粹茉莉附著充滿女性特質的花香調，鮮明的對映著海地香根草。

Tendre的瓶身設計，注入一股充滿現代氣息的創新。俐落的線條、堅實的玻璃輪廓，完整傳達屬於Prada的熱情精神。瓶上的金屬牌，簽印著香氛的主要成份，而高貴華麗的噴頭設計，更讓傳統香氛工藝奢華再現。

清新怡人度★★☆☆☆　甜美可愛度★★☆☆☆　性感誘惑度★★★★☆　珍藏價值度★★★★☆

Salvatore Ferragamo

Salvatore Ferragamo於1898年出生於義大利的Bonito，排行第十一。自小家境貧困，於是去當製鞋學徒幫忙家計。在當時的義大利，鞋匠是卑微的工作，但Salvatore志氣遠大，理想是希望將這項產業發揚光大。11歲跟隨Naples市一名時尚鞋匠當學徒，13歲在Bonito他已擁有自己的店鋪，製造出第一雙訂製的女裝皮鞋，從此締造他時尚王國的第一步。

1914年，Salvatore來到美國，先和兄弟姊妹們一起開一家補鞋店，繼而又到加州。那時正值電影工業急速發展，Salvatore開始設計電影拍攝時所需的鞋，包括牛仔靴、羅馬式或埃及式涼鞋等，被譽為電影巨星的專用鞋匠。包括Cecil B. DeMille的經典之作「十誡」（Ten Commandments）裡，Ferragamo的羅馬式涼鞋便在電影中派上用場。

Salvatore對人體工學亦有一番研究，並洛杉機大學進修人體解剖學，發現人體站立時重心集中在腳弓處，這部分應當得到正確的支撐力。他還去旁聽化學工程和數學課，這使得他對身體肌膚及材料應用方面有新的視野。他始終相信實用與款式並重，所以Ferragamo的鞋款設計永遠以舒適為考量。

為了要讓自己製造出來的鞋子更合腳，他以加入鐵片的設計，強化鞋子在腳弓處的支撐力。Salvatore的造鞋方法可算獨樹一幟，首先他替客人量度出腳掌尺碼，然後把鞋刻在一塊木磚上。儘管在量產需求下，Salvatore仍拒絕機器造鞋，於是他想出手工生產線的解決方法，即每個工作人員在造鞋過程中分工專門負責某部份，這樣他在業務擴充的同時仍不需仰賴機械。

1923年，電影業移師好萊塢，Salvatore也隨之前往，他在當地開設「Hollywood Boot Shop」與當時享有盛名的電影公司合作，令其知名度大增，名人顧客包括蘇菲亞羅蘭、奧黛莉赫本、溫莎公爵夫婦等。他們的鞋檔依然保存在Salvatore Ferragamo總部，如今更成為寶貴的店家珍藏。他充滿創意的設計引領著時尚，例如在短裙及絲襪盛行的年代，Salvatore一改傳統的密閉式設計，首先降下鞋款的線條，創造出首雙涼鞋，更加打響國際知名度。

Salvatore的業務非常成功，1927年回到義大利，雇用優秀的工匠們在佛羅倫斯開了首家Ferragamo店鋪，定期向美國出口產品，在當時是第一位大量生產手工鞋的人。

1937年因戰爭關係，皮革受到限制，但這反而助長Salvatore的設計意念，他利用編染椰。原本用來承托足弓的鋼片和皮革均被軍隊徵用，他反而利用穩固又輕盈的木和水松，製成楔型高跟鞋和凹陷型鞋跟，並繪畫或刻上顏色鮮豔的幾何圖案，或鑲嵌

上金色玻璃的裝飾，推出後即被其他設計師仿效。這些鞋跟雖非創新，但他的設計卻在二次世界大戰時令這些款式又再度流行起來。

1947年Salvatore以其透明玻璃鞋奪得Naiman Marcus Award，成為第一個獲得這個獎項的製鞋設計師。1948年Salvatore繼續帶領潮流，極細而尖的高跟鞋成為華麗的腳上時裝，創出另一新時尚。Salvatore在1957年出版自傳《夢想的鞋匠》（The Shoemaker of Dreams），在那時他已創作超過2萬種設計和註冊350個專利權。

Salvatore在1960年逝世，留下1個願望給妻子Wanda Miletti與6名子女，就是將Salvatore Ferragamo發展成一家「Dressed From Head To Foot」（從頭到腳）的時裝公司。所以自60年代開始，Salvatore Ferragamo便逐漸發展男女時裝、手袋、絲巾、領帶、香水系列等，更在1966年更取得法國時裝品牌Emanuel Ungaro的權利，97年又與Bvlgari寶格麗企業合資，發展香水與化妝品。他們堅信，以義大利的傳統工藝加上現代科技，Salvatore Ferragamo終將成為譽滿全球的時裝王國！

F by Ferragamo

Salvatore Ferragamo推出的同名香水F by Ferragamo，濃郁的香氛完全吻合品牌的精神，散發成熟與純粹的性感。

獨特的瓶身，光澤的紅色品牌字樣，裝飾著讓人一眼就認出F by Ferragamo的品牌。一切出自於設計師Sylvie de France之手，呈現出工匠技術的精巧與美麗。

流暢的瓶底線條有如拱門，瓶口二條金屬帶纏繞，宛如優雅的晚宴涼鞋，造型讓人聯想到Ferragamo當年一鳴驚人的設計—楔型鞋，這個設計至今仍風靡時尚界。

由調香大師Takasago與Francis Kurkdjian共同合作的香氛藝術品，完整擷取Ferragamo品牌精神的本質。精選的天然花朵花瓣，帶呼喚出更精緻的香氣，以經典的手法呈現珍貴的原料萃取，讓這瓶款香水值得珍藏。

香調以合諧方式呈現，前味是茉莉花引出迷人的濃郁香；中味有玫瑰花香的散發；後味帶出性感橙花釋放出豐富的皮革味，貫穿性感的精神。

清新怡人度 ★☆☆☆☆　甜美可愛度 ★★☆☆☆　性感誘惑度 ★★★★☆　珍藏價值度 ★★★★☆

Shiseido

享有天才藝術家美譽的盧丹詩（Serge Lutens），於1980年受聘於資生堂（Shiseido），擔任品牌全球國際形象總監，當年即以夢思嬌彩妝的強烈、大膽的鮮明視覺，掀起一波色彩震撼，賦予資生堂全然不同的嶄新風貌，也讓東方媚惑的美感首度被世界所正視！

充滿藝術細胞的Serge Lutens，舉凡妝彩、髮型、整體造型、調香甚至是攝影技巧，都展現出神入化的精湛水準！1990年在巴黎皇宮附近，開始建造Les Salons Du Palais Royal Shiseido，那是一個純然裝飾藝術的空間；1992年，Serge Lutens實踐了香水珠寶盒的美麗夢想。挑高的弧形空間輔以深紫色牆面，一種古典、令人想一探究竟的神秘氛圍漸漸散開，裡頭展示著Serge Lutens歷年來創作的香水作品！沙龍專售的手工雕刻限量香精瓶，予人無限夢幻的唯美感。這一件件的藝術品，讓Les Salons du Palais Royal Shiseido成為名副其實的香水博物館，處處充滿夢幻香氛，也成為法國巴黎最浪漫的角落之一！

Serge Lutens 盧丹詩情藝花園

Serge Lutens「盧丹詩情藝花園」系列的經典香味，是許多歐美名媛、藝人的最愛，包括性格才女歌手艾拉妮絲·莫莉塞特（Alanis Morissette）都是愛用者，殊不知這充滿歐風的系列香水，源於標準東西方美學的時尚結合。

整個「情藝花園」香水系列共有15種經典香味，在亞洲以DOUCE AMERE「甜蜜愛戀、CLAIR DE MUSC「情挑麝香」、FLEURS DE CITRONNIER「檸檬香頌」為主打，是比較符合東方人喜愛的淡雅花果香。Serge Lutens香水原料上多萃取於東方植物天然精華，調配而成濃郁迷人的香味，是前調到後調皆為「單一香調」的香水，搭配經典的香水包裝，突顯出作品高級訂作感。銷售量高居法國香水排行榜的盧丹詩AMBRE SULTAN「松凝琥珀」，是從稀有的琥珀、松香、當歸與牛至中提煉而出，充滿Serge Lutens親手調出的神秘東方風，融合松香的敏銳與琥珀的溫暖，使得這款經典香水在2001年即獲得法國FIFI獎肯定，一直到2003年仍蟬連法國香水排名前三名！而盧丹詩的FLEURS D'ORANGE「香橙迷情」，則巧妙地將香味互相矛盾的香橙、白茉莉、印度月下香、白玫瑰與植物麝香MIX在一起，創造出舒暢又提神的幸福感。

sisley

自西元1976年創立以來，一向以頂級尊貴形象的sisley，其創辦人修伯特‧多納諾伯爵（Count Hubert d'Ornano），本出身於一個有360年歷史的法國貴族家庭，而他的妻子伊莎貝爾‧多納諾（Countess Isabelle d'Ornano），更貴為波蘭女王的孫女。對品味的堅持和使命感，Hubert伯爵一家人攜手打造尊榮級的植物保養品王國，妻子擔任副總裁，兒子Philippe擔任總經理，女兒Christine擔任英國公司經理人。sisley在伯爵一家人用心經營下，創造頂極的美麗夢想。

自幼就被各種高級華美事物包圍，這對夫妻對藝術、科學、美學都擁有絕對的品味鑑賞力，加上與生俱來的高雅雍容，在凡事追求精良的氛圍下，堅持創造優良的保養品。於是他們創立一個以純天然植物為成分基礎的保養品品牌，並冠上他們最愛的畫家「sisley」之名，開啟這個品牌的名聲。

在多納諾伯爵的主導下，sisley研發團隊已經從地球上4萬3千種對人體有療效的植物中，找出83種對肌膚最有效的美容植物成分，再精萃成可深入於肌膚裡層、強化肌膚能量的純植物精油，成為sisley的配方靈魂。

sisley迄今仍在全世界不間斷尋找最完美的植物品種，一但發現最佳產地，sisley會請託專人選擇最好的採收時間、挑選最棒的植物精華部位，小心翼翼的以最精細的採集。集結精挑細選的天然植物原料後，送到法國sisley實驗室與生產中心，製造成一瓶瓶的珍貴產品，送至世上每位愛美女性手中。

對sisley來說，為肌膚創造最耀眼的美感，才是這充滿貴族光環的品牌最終的目標！而一絲不苟的態度，讓每一款sisley產品背後蘊含的心血，絕不亞於任何一只名牌皮包或高級首飾，也因此sisley被譽為「保養品中的精品」。 包括英國女王、安妮公主、法國前總統夫人等，都是忠實顧客；歐洲貴婦對它的高支持度不在話下；而全球金字塔頂端的人士，更是sisley的長期忠誠擁護者。

Eau Du Soir
暮之露

被選為世上最優雅女性之一的依莎貝爾‧多那諾伯爵夫人，一直夢想創造她記憶中特別的味道，於是這支香水逐漸在腦海中成形。她孩提時期在故鄉，最愛在黃昏時分會瀰漫紫丁香香味的Alcazar花園散步，這份靈感成就她第一支香水，名為Eau du Soir「暮之露」。

優雅清澈的水晶瓶身造型，表現水晶的純淨與美感。加

上18K金有如不朽藝術品的雕刻瓶蓋，是當今聞名藝術家的波蘭籍雕刻名家—布蘭尼斯羅‧克利斯多夫（Bronislaw Krzystof）的作品，是特別為伯爵及其夫人所設計的。他雕塑一張深不可測的女人精緻臉孔，烘托出Eau du Soir的貴族氣勢和風采。

香味組成出純然的女性魅力，有前味柑橘調的曼陀羅花、葡萄柚；接著中味花香調那濃郁的紫丁香、茉莉、玫瑰、伊蘭伊蘭和山谷百合，還有柑苔調的橡樹苔、金鍊花、印度薄荷、西洋杉，以及辛辣調的胡椒、丁香、松杜之多層次組合；後味的琥珀、麝香則是純然的渾厚，整體有著獨特濃郁的尊貴調性。

清新怡人度★★☆☆☆　甜美可愛度★☆☆☆☆
性感誘惑度★★★☆☆　珍藏價值度★★★★☆

Soir de Lune 月之戀

月，遙遠又美麗，是點亮夜晚的一抹光暈。
月，迷人力量的泉源，只能看見月的輪廓卻摸不著形體。
月，多變的面貌，宛如戀人之間易受波動的心緒，時而甜蜜，時而挑逗。

伊莎貝爾‧多納諾伯爵夫人著迷於此香氛的神秘性感，於是與多納諾伯爵開始構思，最終實現。

爵夫人曾說:「你能忘卻一個女人的名字、特色和故事，但你一定會記得她身上的香氛，那個你曾邂逅、深愛或失去，身帶Soir de Lune香味的女人。」

多納諾伯爵和夫人想像最美的瓶身，有著純淨優雅的線條、藝術雕刻品置於其上，於是他們委託波蘭雕刻家Bronislaw Krzysztof雕塑月神與女人臉孔融合為一的瓶蓋，將其放於精緻的盒中，象徵那星光閃耀的夜晚。

由天然植物精華調配而成，Soir de Lune「月之戀」香水是優雅、熱情、濃郁的時尚花香柑苔調香水，有著木質香的古典。前調是清新桔香，有檸檬、佛手柑、胡荽、肉豆蔻、甜椒油，具有引人入勝的氣息。中調是茉莉鳶尾花、水蜜桃、山谷百合、含羞草花精油、五月玫瑰精油的萃取，嫵媚動人。後調的木質苔香尤其經典，木苔、麝香、蜂蜜、檀香、印尼廣藿香的組合，持久而迷人。「月之戀」香水尤適合於夜晚或秋冬使用，可展現出高貴且迷濛的浪漫特質。

清新怡人度★☆☆☆☆　甜美可愛度★★☆☆☆
性感誘惑度★★★★☆　珍藏價值度★★★★☆

Sonia Rykiel

「針織衫女王」Sonia Rykiel有著一頭蓬鬆的紅髮,配上豔紅的口紅,形象鮮明。波蘭裔猶太人,1930出生於巴黎,17歲擔任巴黎一間布店的櫥窗設計師,隨後嫁給老板。直到1962年懷孕時,因為找不到一件合身的針織衫,乾脆自行設計製作,屬於Sonia Rykiel的針織衫因此誕生了!

Sonia Rykiel並沒有受過正式的服裝設計訓練,但她所設計的針織服裝柔和、舒適、性感,又有點甜美和神祕;早期的黑色是最常看到的標準色,而帥氣的條紋和俏皮豹圓點也是每季都有的經典款式。童裝、家居品、男裝也承襲一貫的質感和耐穿。Sonia Rykiel也是第一位把縫線外露在衣服外的設計師,卯釘、水鑽和玫瑰也常見於皮件和服飾上。

Sonia Rykiel證明了針織衫本身即是源源不絕的流行創意,她本人亦有著作發表,包括童話書的寫作。她的率性與才華被選為80年代最優雅的女人,各方表現對時尚界影響深遠,也是當代女性的代表。Sonia目前和女兒Nathalie致力於正副品牌的設計和推廣,前者代表了法式的浪漫高雅,後者則充滿著鮮亮前衛的時尚感。

NOT FOR MEN !

Rykiel Woman

Cool味中帶著率直甜美,具備原Rykiel Woman淡香精的野性,卻又增添幾分俏麗嬌媚。粉紅色的Rykiel Woman淡香水,銀色光芒的瓶蓋綴著卯丁圓點點,有點個性美與歡欣閃亮的氣息。從半霧半透的優雅瓶設計,至香水味道的表達,具有純真的感性和誘人呢!

Rykiel Woman淡香水的前味是涼涼的清新果香,在日本檸檬和香檳泡泡的引領下,可愛天真中蘊含無限的熱情;緊接著綻放出保加利亞玫瑰和丁香花等極具感官挑逗的迷人中味,嫵媚又淘氣;恰好的濃郁緩緩帶出溫暖的木質後味,由擷草花、安息香、麝香的魅惑上場,無庸置疑的將青春性感逐漸擴散開來。

清新怡人度★★☆☆☆ 甜美可愛度★★★★☆
性感誘惑度★★★★☆ 珍藏價值度★★★☆☆

Stella McCartney

Stella McCartney可說是21世紀備受矚目的明星設計師，父親Paul McCartney為披頭四（Beatles）成員之一。Stella從小在英國長大，畢業於Central Saint Martins設計學院後，1997年即進入Chloé不久之後擔任品牌創意總監。

2001年，Stella McCartney為Chloé副牌完成了See By Chloé的設計後，經由Tom Ford推薦進入Gucci集團。由於Stella是一位素食主義者，更是環保崇尚者，一開始因為Gucci的服飾都採用皮草而婉拒。所幸Gucci集團特別為Stella開創另外一個人品牌，從此Stella McCartney的設計就以輕柔的質感、飄逸別緻的造型、混搭的創意，再加上一點點街頭的隨興風格，吸引了全球時尚界的關注。由於她與名人們的關係良好，除了幫Modonna設計婚紗外，名模如凱特摩絲（Kate Moss）、娜歐蜜坎貝兒（Naomi Campbell），影星如葛妮斯派特蘿、卡麥隆迪亞茲（Cameron Diaz）等皆是好友兼VIP客戶。

Stella McCartney個人的努力也是有目共睹的。雖然她的作品不一定每季皆獲得全面性的讚賞，但是在品牌形象的塑造和推展下，Stella McCartney所表現的是一股積極而又具關懷性的時尚精神，她的個人魅力和設計風格充分將新女性的特質展露無遺。2003年她以「永恆玫瑰」的精神，推出同名香水Stella，廣受好評。2004年和adidas合作推出運動服裝系列，2007年更以純天然素材，推出研發多年的有機保養品。Stella積極的行銷概念與生活的各層面結合，藉由時尚的發光舞臺，帶給人們更新的視野和選擇。

SHEER STELLA

2007年夏天，設計師Stella McCartney 受到自然的啟迪薰陶，推出香水Sheer Stella 即初嚐成功滋味。而玫瑰與琥珀，是Stella在香氛上運用的經典。

瓶身承襲一貫的造型，Sheer Stella巧妙融合了花卉及摩登現代金屬感的設計，賦予自信又浪漫的風格。

純淨透明的玻璃瓶身與紫梅色澤的流動液體，典雅而神秘的感覺更加突出深刻。依附在香水瓶身上，散發著金屬光澤的雅緻花卉雕刻，愈顯光亮優美，充滿著女性特質。

香氛是濃郁且新鮮的檸檬與爽口的青蘋果味，再融合著千葉玫瑰與聖聖西斯玫瑰的激情般香味，最後仍有性感神祕的琥珀味，傳達典雅且浪漫的時尚氛圍。

清新怡人度 ★ ★ ☆ ☆ ☆　甜美可愛度 ★ ★ ★ ☆ ☆
性感誘惑度 ★ ★ ★ ★ ☆　珍藏價值度 ★ ★ ★ ★ ☆

The Body Shop

The Body Shop的創辦人Anita Roddick是義大利移民後裔，1942年出生於英國海邊的小漢普頓，從小就在父母所開的餐廳裡長大，10歲時父親去世，母親帶領著兄弟姊妹們經營餐廳。Anita自小在母親的身教下，領悟到所謂的「交易」理念，母親更期許他們要有創造力，活出自我，才不會庸庸碌碌過一生。除此之外，Anita的母親在當時民風保守的英國，就有挑戰傳統與公權力的勇氣，這樣的特質，也造就日後Anita不畏向公權力挑戰，無論是學校、教會，甚至國際機構。

長大後就讀師範學院的Anita喜歡教書更熱愛旅遊，因此在執教一段時間後，就開始兩年的旅遊歷程，她相信每段旅程都會開啓創新的思維。之後回到家鄉認識Gordon Roddick，並開始交往、生子並結婚。一直至今，Anita仍熱愛旅行，不同的旅程，或許面對真理、或許面對商機，都是新的開始；她也更相信，唯有旅遊的體認，才能不斷提醒自己免受貪婪之侵蝕。

Anita到以色列的集體農場研究教育論文時，啓發Anita對「社區」的認識及學習。這段集體農場的經驗，讓Anita體認到愛、勞動、社區、服務與大地是如此的緊密結合在一起，而且其所創造出來的意義及價值，絕非僅止於個人成就與利益，每天都可以從與其他人的互動中，學到更讓人驚喜的事物。童年的餐廳、年輕時的遊歷，以及集體學習的經驗，成就了Anita獨一無二的精神，這股力量也成為The Body Shop品牌精神的延續。

The Body Shop在1976年誕生，第一家門市位於布萊頓，成立至今全球超過2070家門市，服務了超過7千7百萬客戶，如此的成就，包含了許多堅持及熱誠。草創的初衷只是單純幫助丈夫Gordon，他以兩年的時間騎馬橫越南北美洲。Anita便擔起家庭生計，並匯集過去的旅遊經驗，發現世界各地許多女性都以天然蔬果原料保養，且效果極佳。因此Anita決定仿效其法，並開發純天然配方的護膚、護髮保養品。第一家店剛開始僅有20種產品，Anita首開先例，將每種商品以5種容量分裝，讓消費者有更合適的選擇。深受母親影響的Anita，徹底落實節約原則，以重複使用回收瓶的做法，捍衛環保理想。

Anita從不曾以「生意人」自居，從1980年開始就積極投入推

廣「社區公平交易計劃」。這是一項長期執行的計劃，以直接採購合作社區製造的原物料或商品，來供應店裡販售的產品，不透過第三者，以保障當地區民的工作機會及所得。並可將其所得作為社區建設的經費，以增進當地區民的生活品質。Anita謹守誠實而不誇大、合理又天然的經營原則，深獲英國當地居民的喜愛，公司並於1984年上市。此後The body shop更運用其影響力，致力於追求「道德良心企業」，並以「讓人類所居住的世界更美好」為努力目標。

The Body Shop所堅持的五大理念：

反對動物測試：堅持不採購經動物測試的原料、不在動物身上進行成品測試。

社區公平交易：向全球貧窮、缺乏資源的部落及組織，以公平的價格購買原料，來建立當地的醫療品質、教育生活基本設備及尊嚴。

喚醒自覺意識：透過廣告活動來支持女性平等，反性別歧視、家庭暴力、兒童虐待。

捍衛人權：以具體行動支持及維護天賦人權，並相信每個人都具備阻止破壞人權的力量。

保護地球：以最簡單的包裝支持環保、並致力提倡3R原則：Recycle、Reuse、Refill。

White Musk 白麝香

「白麝香」香氛是THE BODY SHOP美體小舖的香氛代表作，集個性和浪漫的獨特香氣，迷人且持久，也是第一款以草本麝香取代動物麝香的麝香香水。

2007年全新的「白麝香絲柔淡雅」香水和「白麝香絲柔」香水，以新的珠光紫色系的優雅包裝呈現。香調萃取了來自印度的麝香錦葵精華，結合天然花香與麝香草，讓這款25年來風靡全球的獨特香氣更加迷人。前味即帶入典雅的麝香，輔以白松香、伊蘭伊蘭。中味則是浪漫的香水百合、東方茉莉、玫瑰及麝香，最後以清幽的鳶尾花、廣藿香、蜜桃、琥珀結尾。

清新怡人度★★☆☆☆　甜美可愛度★★★☆☆　性感誘惑度★★★★☆　珍藏價值度★★★☆☆

Tommy Hilfiger

DREAMING
TOMMY ≡ HILFIGER

THE NEW FRAGRANCE FOR WOMEN

Dreaming 夢露

美國流行休閒品牌Tommy Hilfiger的品牌標誌與美國國旗相似，代表的正是美式風格的自信和活力。品牌創始人Tommy Hilfiger出生於美國紐約州，當他還就讀高中時，就已經用150美金以及20件牛仔喇叭褲（bell-bottom jeans）開始他的生意，還成立「People's Place」的小型連鎖店。

1979年，Tommy到紐約市探路，想從事設計師方面的工作。1984年推出的設計品包括襯衫、褲子等，實穿好搭配的調性，迅速佔上市場。

「服裝應該是利用趣味和創意的方式來表達自我，娛樂個人！我的設計即在反應各種不同型態的人生。」他總是能精準的將伸展台上的流行元素普及化，並且迎合廣大消費群的日常需要。Tommy Hilfiger旗下完整的系列產品，包括男裝、女裝、牛仔褲、童裝、眼鏡、鞋子、香水，以及居家生活系列。

Tommy Girl香氛一直是北美青少女喜愛的香水，也常是她們的第一支香水。隨著前幾代Tommy Girl的長大，她們對於人生、生活及夢想有了不同的見解，開始嚮往愛情，不再是只有純純的愛；成熟的身心足以讓她們對情感要求到不同的境界，並嘗試展露性感風情，且能輕易的表現韻味。Tommy Hilfiger是如何形容這些輕熟小女人呢？他給她們取了名字——夢露，也就是Dreaming。

在Tommy Hilfiger眼中，這群正嬌豔綻放小女人們，就像蜜桃般既純真又性感，因此，Tommy Hilfiger特別將這款夢露香氛以水蜜桃為主調，加上小蒼蘭、月下香、朱槿和鳶尾刻畫的美麗輪廓，呈現出不同以往的風情。在描繪夢露的香調時，Tommy Hilfiger將瑪麗蓮夢露與葛莉絲凱莉這兩位美國的經典偶像當作參考靈感，希望擷取瑪麗蓮夢露永恆的性感，加上葛莉絲凱莉獨特的風雅氣質，為這些剛過成年分水嶺的小女人們建立一個漂亮的典範。

Dreaming「夢露」香氛簡單別緻的瓶身中，裝載著粉桃色的浪漫色彩，結合女人知性與柔美的雙重表現。鑽石般的瓶蓋設計，裡面蘊藏了銀色與紅色條紋的裝飾，讓代表Tommy Hilfiger的註冊條紋商標依然存在其中，傳達All American的精神。

清新怡人度★★☆☆☆ 甜美可愛度★★★★☆ 性感誘惑度★★★★☆ 珍藏價值度★★★☆☆

Torrente

L'or de Torrente以高級訂製服起家，於1969年在巴黎成立。擅長以獨特風格及瑰麗的材質運用，展現出獨特的時尚風采。L'or de Torrente的經典傑作包含絲緞領子的設計、兩件式毛呢套裝、有珠珠綴飾的小洋裝，此外蕾絲花邊的妙用也相當著名。目前也有皮件、童裝、眼鏡、珠寶等品項。2000年則和Perfumer's Work-shop合作，推出第一瓶香水。

L'or de Torrente

L'or de Torrente的香水傳達了Torrente 對全世界的邀約，以香氛和金色的瓶子述說她精緻時尚的設計，以及那獨特的風格和華麗的夢想。清透如琥珀般的淡雅幽香，有玫瑰、柑橘、荔枝和奇異果的美味驚奇。中調的獨活、咖啡精華、玫瑰精華及鳶尾，既柔美而不落俗套；基調的香子蘭、白琥珀與珍貴松木，則悠悠表現出法式的精緻圓潤和優雅貴氣。

豐潤如蛋型的瓶身好似女人的性感身軀，展現嬌媚柔和，透明瓶身交織著22K黃金葉片，優雅細緻，象徵一如Torrente服飾的精巧鑲嵌剪裁和針織刺繡的設計。

清新怡人度★★☆☆☆ 甜美可愛度★★★★☆ 性感誘惑度★★★★☆ 珍藏價值度★★★★☆

TRUSSARDI INSIDE

The new fragrances for man and woman

Discover what's Inside.

TRUSSARDI

　　極簡、低調、高質感,加上特殊材質的妙用,所呈現的Simple Chic「極簡摩登」,便是義大利品牌TRUSSARDI的特色!無論在剪裁或設計上都非常簡單,以布料的原味和質感配上細緻的剪裁,展現一種「人穿衣」的時尚哲學!

　　TRUSSARDI最早以皮革起家,到了1960年,開始轉型生產皮件、煙斗、鋼筆、旅行箱、鞋類等配件。到了1973年,正式將灰色長身獵犬註冊成TRUS-SARDI的LOGO符號。幾年後才開始推出服裝,以其擅長的皮革製品,如皮衣系列

為出發,日後則生產女裝、男裝、休閒系列、童裝等,攻佔全球市場。

　　皮件仍為TRUSSARDI的經典代表,無論在材質運用或設計上,總是充滿了驚喜和魅力。同時TRUSSARDI在各方設計領域,也有優異的表現,包括義大利航空公司的內部裝潢設計、Alfa Romeo的車型設計,還有電話、直昇機、腳踏車等,涉獵廣泛,也是義大利工藝精神的代表。

　　TRUSSARDI的品牌包括TRUSSARDI、T-STORE,以及走休閒運動風的TRUS-SARDI JEANS。

Trussardi Inside
內涵男香

Trussardi Inside內涵男香則以時髦的西西里島佛手柑、羅勒的活力，及日本柚的香氛，讓明亮清新的前味一開始就充滿著現代感的氣息。而男性特質則在咖啡豆及菸草的氣味中顯露，並添加優雅開什米爾木與具誘惑力的麝香，溫暖且迷人，整體有著不俗的魅力男人味。

Trussardi Inside 內涵女香

義大利百年時尚經典品牌Trussardi著名的精湛手工藝，及對外型細節精緻的考究，在Inside男女對香中，可從外在的瓶身，發現其一貫的質感呈現。傳統玻璃材質以經典的鱷魚皮革包覆著，營造出高級的奢華感，如建築般俐落的線條比例，在剛毅的男香與柔美的女香上，有著不同風味的展現。在整體設計傳達中，引領眾人的記憶，重返至Trussardi於米蘭史卡拉歌劇院的第一家精品店，回味創立之初的經典時尚，並再一次以Inside對香組合發掘品牌創始的本質與內涵。

Trussardi Inside內涵女香融和多種榛樹葉、月桂冠、西西里佛手柑植物香氛的前味，讓人一開始即感受到淡淡的透明清香；而隨著呈現獨特的咖啡豆溫暖香氣，與清新的小蒼蘭花香；最後再添加柔和的琥珀及珍貴的麝香，逐漸調和成柔美優雅的女人香，有著脫俗的質感。

清新怡人度 ★ ★ ☆ ☆ ☆ 甜美可愛度 ★ ★ ☆ ☆ ☆
性感誘惑度 ★ ★ ★ ☆ ☆ 珍藏價值度 ★ ★ ★ ☆ ☆

Vera Wang

　　原來只是因為結婚時找不到合適的婚紗而自己設計，但不到幾年的時間，Vera Wang已經成為享譽全球的時尚設計師。

　　Vera Wang創造一個充滿年輕與感官的夢想世界，其婚紗禮服精緻高雅的剪裁，奢華的裙襬設計，以及不受外在潮流影響的風格，塑造了屬於Vera Wang的婚紗帝國。

　　Vera Wang出生於紐約，在流行時尚界有超過25年的經驗。年幼時，跟隨母親穿梭於巴黎及美國時裝界。之後Vera Wang於紐約的Sarah Lawrence學院及巴黎Sorbonne大學深造。23歲便當上美國Vogue雜誌最年輕的服裝編輯，細膩用心的表現，隨後被提升為資深服裝編輯。在Vogue工作長達16年之後，Vera Wang被Ralph Lauren邀請擔任設計總監。

　　1990年，Vera Wang在紐約知名的Madison大道上開設自己的第一家婚紗旗艦店，開始展現她在婚紗設計上的才華。

　　在婚紗與晚宴裝設計上的成功後，緊接著她的公司開始跨足其他領域，像是出版第一本書*Vera Wang on Wedding*、獲得香水殊榮的Vera Wang同名女香及男香上市；另外水晶瓷器及銀器的系列設計、高級運動服及服飾配件的設計，如鞋類、眼鏡、珠寶及文具，都引起話題。2005年，Vera Wang亦獲頒美國時尚設計師協會的「年度女裝設計師」大獎.

　　從Vogue到奧斯卡星光大道，Vera Wang的風格被全球許多有影響力的時尚明星熱愛著，在每一個頒獎典禮或重要場合上，Vera Wang設計的禮服常是焦點。艾美獎、奧斯卡獎和金球獎的紅毯星光大道，更成為Vera Wang另一個服裝伸展台。Vera Wang已成為婚紗設計的權威，也是享譽全球的時尚設計師。

Princess

Vera Wang這款Princess的發想靈感，來自她正值青少年華的女兒，好比內心住著小公主的荳蔻少女，卻又初嘗性感的展現。活潑機伶中卻又帶點優雅和矜持，感官思緒中有著獨特創新的氣息，總是懷著異想天開的夢幻思緒，可愛的熱情更是格外夢幻迷人。

　　Vera Wang Princess是款純淨的花果香調，富含香草、異國花卉與多汁的果實香味，香味之始煥發著濃郁甜美青蘋果香，還有黃金杏仁與柑橘的輕吻，帶出的夢幻水百合香。接著醇美的粉紅番石榴與稀有大溪地皇冠花，順著野生晚香玉與黑巧克力，響應了這場中味的革命精神。最後令人垂涎欲滴的雪紡香草與粉紅冰霜的香味，在珍貴琥珀以及木質香的環環纏繞中，散發出神秘又青春的氣習。

　　美麗的心型瓶身，頂部的戒環宛如護身符般，象徵魔法的魅力與能量，正透過瓶身的刻花玻璃切面，散發出深紫紅色的閃爍光芒。有趣的是，皇冠瓶蓋下則鑲著一指紀念金圜，可以取下當做戒指，好似在動人香氛下的有趣加冕。

清新怡人度★★☆☆☆ 甜美可愛度★★★★☆ 性感誘惑度★★★☆☆ 珍藏價值度★★★★☆

TRULY PINK 紅粉眞情

對我而言， Truly Pink完全是女性嬌柔氣質的化身，沉醉迷人並綻放永恆的美麗。

——Vera Wang

　　粉紅玫瑰是設計師Vera Wang最鍾愛的花。而Vera Wang Truly Pink「紅粉真情」淡香精，以粉紅玫瑰詮釋著現代女性的嬌柔氣質，散發出悠然的光輝。猶如初綻放的幸福花朵，Truly Pink完美捕捉新鮮玫瑰花瓣輕吻肌膚的瞬間，洋溢著愛戀光采，卻又溫柔內斂。

　　藉由白色小蒼蘭、荔枝花與黑醋栗，帶出粉紅香氛的可愛醇美。盛開的粉紅百合、粉紅玫瑰與牡丹花朵展露嬌媚；再由鳶尾花與木質香微妙交融，呈現後味的餘韻動人。

　　Vera Wang Truly Pink用最純粹的方式來讚頌粉紅，以柔美的色澤光采，賦予曾獲獎的經典香氛一種全新風貌，更顯甜蜜高貴。玻璃瓶中滲出粉紅玫瑰花蕾的甜美色澤，在視覺觸感間，皆已喚醒粉紅花朵的特質與香氣。

清新怡人度★★☆☆☆　甜美可愛度★★★☆☆　性感誘惑度★★★★☆　珍藏價值度★★★☆☆

VERSACE

VERSACE之所以經典，就是無論時尚界如何改朝換代，仍然屹立在時尚殿堂頂端供世人朝拜。M型社會儼然成形的新紀元，精緻奢華的VERSACE緊緊扣住金字塔頂端市場，更奠定其尊寵地位。同時，縱使趨勢如何無情的汰舊換新，VERSACE依然堅守經典金色蛇髮女神梅杜莎MEDUSA的圓形logo，以攝人眼神凝視著她的擁護者，也守護著她跨越香氛、彩妝、服裝、眼鏡、手錶與居家的時尚王國。

創立在1978年，由Gianni Versace於米蘭創立，Gianni Versace SpA集團不只在國際時尚設計中擁有崇高地位，並將VERSACE品牌中的Atelier Versace系列、服裝、珠寶、手錶、配件、香水、化妝品和傢俱等，製造、銷售至全球各地。VERSACE時尚設計的另一個部份，則是針對年輕族群，包括Versace系列、Versace運動系列、Versace休閒系列和Versus品牌系列。

Versace集團是由Versace家族完全擁有（50%屬於Allegra Beck Versace，20%屬於Donatella Versace女士，而30%為Santo Versace所有）。Santo Versace擔任Versace集團總裁，而Donatella Versace則身兼副總裁及創意總監兩職。

Versace集團在2004年9月委任Giancarlo Di Risio擔任管理總監，負責公司全面改組。唯一不變的，即是VERSACE在繽紛華麗下，所展現的性感和奢華，亦是全球影視名人最愛穿戴的品牌之一。

Bright Crystal
香戀水晶

Bright Crystal「香戀水晶」如同一件性感花香裝飾的美麗珠寶，以粉紅水晶為瓶身造型元素，粉色花香調為性感能量來源，充滿堅毅、自信，還散發著性感魅力，充滿誘惑，但不失青春的活潑。

典雅卻又不失生動有趣的石榴香氛，伴隨新鮮清新又飽滿圓潤的柚子清香。中味傳來濃郁的木蘭花、牡丹，以及清新淡雅的蓮花花香，展現優雅嫵媚的女性魅力。最後以魅力的琥珀、桃花木、麝香等木質清香，延續VERSACE Bright Crystal的香氛之旅。

清新怡人度★★★☆☆ 甜美可愛度★★★★☆ 性感誘惑度★★★☆☆ 珍藏價值度★★★★☆

THE NEW FRAGRANCE FOR WOMEN

VERSACE 經典女性淡香精

　　年齡層約莫25~35歲的輕熟女們，擁有時尚品味，自信在舉手投足間流露，飄溢著獨特魅力。猶如翩然自希臘神殿中緩緩走下的女神，性感正以特別的香氛形式呈現。

　　VERSACE經典女性淡香精的清爽前調，是由水耕番石榴與黑加崙所萃取，這兩種截然不同的清爽與甜郁，卻都融化在紫藤花的花香中。隨之而來的，都是高雅純潔的純白色花朵，如蘭花、睡蓮、蓮花、杜鵑花，以及被稱為天使翅膀的茉莉花。最終，森林香調在花果饗宴曲終人散之時，適時巧妙的收尾。麝香、喀什米爾木與雪松柏木，則以樹質香調的溫暖，穩定身心。這款女香白天夜晚都適合使用。

　　而典雅的瓶身，將時尚與經典巧妙設計，結合瓶蓋周圍刻上的希臘圖紋，再將VERSACE著名的經典梅杜莎圖像崁在瓶身當中，似乎在守護著香水的同時，正肆無忌憚的釋放那絕對的性感與活力。

清新怡人度★★☆☆☆　甜美可愛度★★☆☆☆　性感誘惑度★★★☆☆　珍藏價值度★★★☆☆

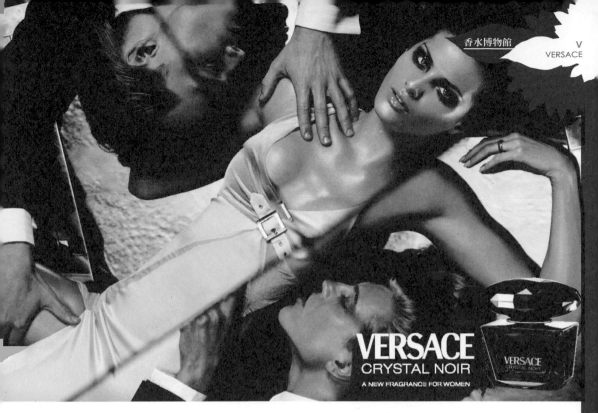

VERSACE
CRYSTAL NOIR
A NEW FRAGRANCE FOR WOMEN

CRYSTAL NOIR 星夜水晶

「對我來說，女人的香水必須像是花。為了CRYSTAL NOIR『星夜水晶』，我挑選了梔子花，我熱愛她的甜美，搭配上微妙的香味，混合溫暖、濃烈的琥珀，創造出驚人的矛盾。就像每個女人都有的兩面：甜美和性感，或是粗俗和精緻。」

—— DONATELLA VERSACE VERSACE

CRYSTAL NOIR「星夜水晶」淡香精是一瓶擁有極度女人味的東方花香調的香水，梔子花清新而性感，如牛奶般的綿密豐富。琥珀純淨清徹，深具感官上的魅力。像寶石一樣的瓶身，靈感來自於鑽石的琢面，深紫紅色的玻璃瓶，低調而奢華。瓶蓋宛如一顆高貴的黑鑽，完美反射出凡賽斯高級女性時裝的「摩登王妃」風格。

CRYSTAL NOIR適合秋冬使用，充滿著獨特濃烈的風格。

清新怡人度★★☆☆☆ 甜美可愛度★★☆☆☆ 性感誘惑度★★★★☆ 珍藏價值度★★★★☆

Vivienne Westwood

「龐克教母」Vivienne Westwood在1941年出生於英格蘭北部，17歲遷移至倫敦。原本是一位學校教師，直到1971年認識了搞樂隊的男友McLaren，為了替男友設計表演服飾，才開始對時裝有興趣。1972年與McLaren合夥開設第一間精品店，名為「Let it Rock」。74年更名為Sex，76年又再度更改為Seditionaries「煽動者」，而店中多以販售作風大膽的SM皮革服飾為主，引人側目。

Vivienne早期的創作靈感都是源於1970年代的街頭龐克次文化，她抓住街頭元素，帶動了時尚界與街頭Punk龐克的結合！Punk風格過後，接著是Pirate海盜系列。Vivienne Westwood這時已揮別黑暗的underground地下形象，展現既浪漫又充滿戲劇性的設計，Pirate成為伸展台的發表作，得到正面的評價。

1984年，Westwood與McLaren分道揚鑣，她的重心反而是前往義大利等地吸取靈感，以不同的角度展現創意，如民族風、紐約街頭文化等，許多的設計皆融合歷史文物元素來表現；而中世紀的武士、文藝復興的圖騰，皆是她從傳統中找尋新的火花，像是古董束胸衣、厚底高跟鞋、蘇格蘭格紋等，也都成了發表會上嶄新的時髦流行品，整體風格也成為1980年代新浪漫主義的代言詮釋。

她奢華又搞怪的詭異作品所引起的次文化旋風，讓部份雅痞族群有些批評，但無損這位龐克教母在時尚界的光芒。1989年，Vivienne Westwood曾被Women's Wear Daily服裝雜誌評選為年度6大設計師之一，接著又在1990、1991年，被推選為英國年度設計師。這些殊榮證明Vivienne Westwood的貢獻，也奠定她大師級的地位，即使近年來的創作，向低調平實稍稍靠攏，不再如此驚世駭俗，但她的勇敢和活力，一直都是引領潮流的動力和指標。

Boudoir Sin Garden
秘密花園

英國搖滾教母Vivienne Westwood的Boudoir Sin Garden「秘密花園」淡香精，瓶蓋是金色的Vivienne Westwood皇冠與地球的標誌，香調同樣有著濃濃的英倫街頭時尚風。

活躍辛辣的粉紅胡椒，加上溫柔婉約的小蒼蘭花香，組合成出清新而明晰的前味，如同初闖秘密花園時驚喜參半的心情。中味的繽紛花香調，紫羅蘭、鳶尾花則帶領深入Vivienne Westwood多采多姿的世界。隨後，龍涎香、檀木、橡苔、麝香有著Vivienne Westwood的性感和個性，也令香氣縈繞於木質與花香間的交錯低迴。

清新怡人度★★★☆☆ 甜美可愛度★★☆☆☆ 性感誘惑度★★★★☆ 珍藏價值度★★★☆☆

Yves Saint Laurent

時尚圈呼風喚雨的重量級設計師Yves Saint Laurent，於1936年出生在法屬北非阿爾及利亞。擁有貴族血統的他，從小即在富裕家庭中成長，經常接觸上流社會的社交活動，因此培養一定的品味，以及對時尚精神的堅持。

17歲時Yves Saint Laurent前往巴黎學畫，不久後轉到服裝畫的領域。1953年時，他的素描創作在巴黎國際羊毛局的徵選比賽獲得第三名；隔年，他再次以一套黑色晚宴服的作品奪下該屆冠軍寶座。年僅18歲即引起Vogue雜誌總編的賞識，等Yves Saint Laurent高中畢業後，Vogue雜誌立刻聘請他擔任美術設計。

一年後他離開Vogue，1955年為當紅服裝設計師Christian Dior工作，開始展露他不凡的美學創意。第二年的Dior已有將近三分之一的時裝出自於Yves Saint Laurent之手，因此在21歲時，被提昇為指導員領導設計團隊。但他的恩師Christian Dior先生卻在1957年10月逝世，Yves Saint Laurent接下了Dior該年時裝發表會的重責，從此一炮而紅，這位年僅21歲的時裝金童，立刻成為Dior首席設計師，並持續至1960年。

二次世界大戰爆發，Yves Saint Laurent被徵召入伍，但內向害羞的他因無法承受軍旅的壓力，導致精神崩潰，遺憾的是Yves Saint Laurent從此一生都得靠藥物平衡自己的身心狀態。

提早退役後，Yves Saint Laurent重返Dior，1962年則和Pierre Berge合創自己的品牌，引起極大旋風，如當時發表的水手衣、鬱金香線條等，皆是時裝界的新創意，也是流行時裝體系開始走向成衣平民化的開端。Yves Saint Laurent所設計的喇叭褲、喇叭裙線、騎士裝、魯賓遜裝、長筒靴、嬉皮裝、中性裝，至今仍是許多設計師的創作靈感。

60年代後期，中性化長褲已成為YSL品牌的指標，搭上當時的女權運動風潮，Yves Saint Laurent在設計上也鼓吹女性捨棄胸罩，例如大膽推出透明上衣或裸透的洋裝，來挑戰當時的社會風氣。

70年代Yves Saint Laurent進入了黃金時期，設計層次更加豐富圓熟，其中所推出的Cossack服裝系列，具有十足國際風格，包含吉普賽式、印度、高加索、斯拉夫、土耳其等樣式。Yves Saint Laurent的設計流露著他對歷史文物的鍾愛和體認，同時也反映出對異國人文的欣賞和融入。

80年代，Yves Saint Laurent不僅在服裝上的表現可圈可點，其版圖也擴大至裝飾品、香水、化妝保養品、手錶、眼鏡、配件等，他已晉身為大師等級，且獲獎無數。包括1982年美國時尚設計師協會頒贈的年度設計師殊榮，1983年莫斯科博

物館和紐約博物館舉辦的個人回顧展，1985年更獲得奧斯卡所頒發的特別獎項，表揚他在時尚領域和電影服裝設計的終生成就。同年3月12日法國總統密特朗更授與Yves Saint Laurent先生榮譽勳位騎士勳章的殊榮。

90年代由於極簡風格掘起，Yves Saint Laurent雅致高貴的設計逐漸失去原本受矚目的光彩。到了1993年，Yves Saint Laurent的工作拍檔Pierre Berge開始精心策劃與GUCCI集團結盟，1999年由GUCCI的創意總監Tom Ford來擔任YSL成衣路線「左岸」（Rive Gauche）的設計大權，促使YSL重回熱門品牌陣線，Yves Saint Laurent與Pierre Berge繼續主導高級訂製服系列的規劃。即使2000年Tom Ford的發表秀評價不一，但他也完成了品牌轉型的使命，讓YSL再度回歸到時尚主流的品牌。

無庸置疑的是，Yves Saint Laurent先生展現了跨年代魅力，他擁有藝術家的浪漫精進，獨到的色彩品味，以及不畏挑戰世俗的大膽作風。他的一生主導法國巴黎的時尚精神，亦是服裝藝術界永恆的指標。

YOUNG SEXY LOVELY
甜心佳人

一種風格，一顆心，一道YSL的簽名，一種香氛的全然展現！ YOUNG SEXY LOVELY「甜心佳人」的標記，正是聖羅蘭YSL的三個字母。簡潔的線條呼應著精細、桃紅色的香氛，正如Yves Saint Laurent的連身裙，擁有完美無瑕的線條和明亮的領口剪裁，還有寬寬的腰帶和俏麗的泡泡裙，充滿著青春氣息。

鮮甜的梨子、橘子和清新酸甜的黑加侖子為可愛的前味。接著，果味的香氛便被櫻花剔透輕盈的氣味包裹著，經過木蘭花的潤飾，一切都浸淫在幼滑的葡萄園蜜桃香氣中。後味則是令人感覺舒適的麝香結晶、渾圓的琥珀及豐盛的雪松木，揭示YSL Young Sexy Lovely的溫柔和感性。

清新怡人度★★☆☆☆ 甜美可愛度★★★★☆ 性感誘惑度★★★☆☆ 珍藏價值度★★★☆☆

Pandora's
Magic
Perfume

Pandora's
        Magic
Perfume

Pandora's
Magic
Perfume

Pandora's
Magic
Perfume